会社を育て人を育てる
品質経営

先進，信頼，総智・総力

一般社団法人 日本品質管理学会 監修
深谷 紘一 著

日本規格協会

JSQC選書
JAPANESE SOCIETY FOR
QUALITY CONTROL
23

JSQC 選書刊行特別委員会

(50 音順，敬称略，所属は発行時)

委員長	飯塚　悦功	東京大学名誉教授
委　員	岩崎日出男	近畿大学名誉教授
	長田　　洋	東京工業大学名誉教授
	久保田洋志	広島工業大学名誉教授
	鈴木　和幸	電気通信大学大学院情報理工学研究科総合情報学専攻
	田村　泰彦	株式会社構造化知識研究所
	中條　武志	中央大学理工学部経営システム工学科
	永田　　靖	早稲田大学創造理工学部経営システム工学科
	宮村　鐵夫	中央大学理工学部経営システム工学科
	平岡　靖敏	一般財団法人日本規格協会

●執筆者●

深谷　紘一　株式会社デンソー相談役

発刊に寄せて

　日本の国際競争力は，BRICs などの目覚しい発展の中にあって，停滞気味である．また近年，社会の安全・安心を脅かす企業の不祥事や重大事故の多発が大きな社会問題となっている．背景には短期的な業績思考，過度な価格競争によるコスト削減偏重のものづくりやサービスの提供といった経営のあり方や，また，経営者の倫理観の欠如によるところが根底にあろう．

　ものづくりサイドから見れば，商品ライフサイクルの短命化と新製品開発競争，採用技術の高度化・複合化・融合化や，一方で進展する雇用形態の変化等の環境下，それらに対応する技術開発や技術の伝承，そして品質管理のあり方等の問題が顕在化してきていることは確かである．

　日本の国際競争力強化は，ものづくり強化にかかっている．それは，"品質立国"を再生復活させること，すなわち"品質"世界一の日本ブランドを復活させることである．これは市場・経済のグローバル化のもとに，単に現在のグローバル企業だけの課題ではなく，国内型企業にも求められるものであり，またものづくり企業のみならず広義のサービス産業全体にも求められるものである．

　これらの状況を認識し，日本の総合力を最大活用する意味で，産官学連携を強化し，広義の"品質の確保"，"品質の展開"，"品質の創造"及びそのための"人の育成"，"経営システムの革新"が求められる．

"品質の確保"はいうまでもなく，顧客及び社会に約束した質と価値を守り，安全と安心を保証することである．また"品質の展開"は，ものづくり企業で展開し実績のある品質の確保に関する考え方，理論，ツール，マネジメントシステムなどの他産業への展開であり，全産業の国際競争力を底上げするものである．そして"品質の創造"とは，顧客や社会への新しい価値の開発とその提供であり，さらなる国際競争力の強化を図ることである．これらは数年前，(社)日本品質管理学会の会長在任中に策定した中期計画の基本方針でもある．産官学が連携して知恵を出し合い，実践して，新たな価値を作り出していくことが今ほど求められる時代はないと考える．

　ここに，(社)日本品質管理学会が，この趣旨に準じて『JSQC選書』シリーズを出していく意義は誠に大きい．"品質立国"再構築によって，国際競争力強化を目指す日本全体にとって，『JSQC選書』シリーズが広くお役立ちできることを期待したい．

2008年9月1日

　　　　　　　社団法人経済同友会代表幹事
　　　　　　　株式会社リコー代表取締役会長執行役員
　　　　　　　(元 社団法人日本品質管理学会会長)

　　　　　　　　　　　　　　　　桜井　正光

まえがき

　私はデンソーで生産技術開発員としてスタートし，先進的量産自動化ラインの開発者として数多くの事業分野の大型投資にかかわり，いろいろ経験させてもらった．

　その中で品質問題はその当事者になったこともあり，特に深い思い入れがある．

　日本では 1969 年にリコール制度が始まったが，私はまだ若い 30 代半ばのころにデンソーとしては二つ目のリコールを経験した．その対策・処理の活動を通じて，製品の世界中への広がりとそのスピード，関与する人々や部門の多さ，そして納入先，官公庁を含めた仕事の複雑さと影響の大きさを強烈に実感した．対策・処理の活動は，そのすべてが事業で不具合を起こせば必然の対処ではあるが，私にとっては生涯忘れられない貴重な経験であった．事の重大さゆえに思い詰めたりもしたが，それをばねにさらに会社に貢献しようと休まず働いた．そして結果的には品質問題とその対処を通じて，実にたくさんのことを学び成長できた．それは，

- 品質はビジネスの前提条件である．世の中に品質上，懸案や問題のある製品を送り出すことは絶対許されない．万に一つの不良といえども，お客様にとってそれは 100％不具合である．
- 品質に強くなればなるほど技術開発・製品開発でより果敢な挑戦ができる．ゆえに品質問題に遭遇したら真因を深掘り

し,技術面・管理面で徹底的に,かつ,多面的に反省を行うことによって我々はさらに強くなっていく.
・日本のモノづくりという視点で品質は競争力の源泉であった.米国で日本車が売れたのは,優れた初期品質に加えて耐久品質での差も認められたからである.

品質経営とは,品質を通じて会社を育て人を育てることだ.デンソーの品質への取組みは会社の発展,従業員の成長,組織の充実に深く寄与してきたと考えている.

品質は年々向上し,人々の品質意識も向上し,品質の概念は変遷し進化してきている."当たり前品質"は年々広がり,それに加えて"魅力的品質"がより重視される傾向になってきている.

これからの品質経営は何を目指せばよいのか,大きな課題である.グローバル展開が進み,海外への生産移転がじわりじわりと進む中で,日本での自動車部品製造,さらに大きくとらえれば,日本でのモノづくりはどう持続的成長を勝ち取っていくのか,その中で品質重視の経営とはどんな努力を加速していかなければならないのか.デンソーも私自身もいまだこれらを模索している.何かヒントをつかみ,提言できたらうれしい限りである.

そうした中,2013年3月,朝香鐵一先生のお別れの会で東京大学名誉教授の飯塚悦功先生にお会いした.この追悼の場で本書執筆のご依頼をいただいたのである.

実は,デンソーは朝香先生に対してたくさんの思い出と深い感謝の念がある.最初は1960年のデミング賞挑戦のための指導であり,以後,事あるたびに指導いただいた.特に印象に残るのは第一

次オイルショックを経て世界が小型車戦争（開発競争）に走り出していた 1975 年ころのことである．デンソーもそれに打ち勝つ製品群の開発に躍起だった．そこで，外部の先生方を招いて開発マネジメントを指導いただくこととなった．とりわけ朝香先生にはお亡くなりになるまでの約 40 年の長きにわたって，足繁く熱心に指導いただいたのである．

　朝香先生には，大変熱心な指導とともに，時には強い論調でひどく叱責されることもあった．発表内容の甘さを指摘するのは我々を燃えさせるための叱咤激励であったと思う．私自身もその洗礼を受けた一人であった．

　朝香先生の追悼の場での飯塚先生からのご依頼ということもあり，不思議と固辞するという気持ちは湧いてこなかった．

　執筆を依頼されたことで，私の中にあったもやもやが少し吹っ切れた気もした．私の自問自答をまとめる機会を与えていただいたと解釈して筆を進めたのである．デンソーという会社，そして私が品質を通じて何を学びどのように成長してきたか，この記述が皆様の参考になるのなら幸いである．

　最後に，原稿を精読し貴重なご意見をいただいた飯塚悦功先生，杉山哲朗氏，資料提供をしていただいた村上昭氏に心より謝意を表したい．そして，これから企業でリーダーになっていく方々，起業する方々に本稿を捧げたい．

2014 年 1 月

深谷　紘一

目　　次

発刊に寄せて
まえがき

第1章　デンソーを発展させた三つの力

1.1　経営の力 ……………………………………………………… 13
1.2　技術の力 ……………………………………………………… 18
1.3　人の力 ………………………………………………………… 25

第2章　苦難を乗り越えデンソーらしさを磨く

2.1　ロバート・ボッシュ社から学ぶ ……………………………… 29
2.2　デミング賞への挑戦 …………………………………………… 33
　　（1）　初期流動管理 …………………………………………… 37
　　（2）　工程能力調査 …………………………………………… 39
　　（3）　受賞後の取組み―品質保証部の設置 ………………… 42
　　（4）　デミング賞挑戦から得たもの ………………………… 43
2.3　みんなでやる○○活動 ………………………………………… 45
2.4　QCサークル活動の導入と展開 ……………………………… 47
2.5　創業当初のコア技術とその製品展開 ………………………… 50
　　（1）　電機・モータの技術 …………………………………… 50
　　（2）　熱・熱交換の技術 ……………………………………… 51
　　（3）　機械・精密加工技術 …………………………………… 56
2.6　自前技術による自動化 ………………………………………… 58
　　（1）　点の自動化の開始 ……………………………………… 58

(2) 線の自動化の開始 ………………………………………… 60
　2.7　人材育成の重視 ……………………………………………… 63
　2.8　デンソー流経営スタイル …………………………………… 65

第3章　世界に目覚め挑戦―そして世界を知る

　3.1　世界市場で品質を思い知る ………………………………… 69
　　(1) AA6ウォッシャモータ受注からの教訓 ………………… 69
　　(2) 世界の環境調査 ……………………………………………… 72
　3.2　新たなコア技術の獲得と事業展開 ………………………… 75
　　(1) IC技術 ……………………………………………………… 75
　　(2) 電子制御技術 ………………………………………………… 78
　　(3) 情報通信技術 ………………………………………………… 80
　3.3　常に時流に先んずる開発 …………………………………… 82
　　(1) 次期型製品研究会 …………………………………………… 84
　　(2) SRラジエータ ……………………………………………… 85
　　(3) Ⅲ型オルタネータ …………………………………………… 88
　3.4　革新的生産設備の開発 ……………………………………… 93
　　(1) 線の自動化の発展 …………………………………………… 93
　　(2) 面の自動化の開始 …………………………………………… 96
　　(3) 立体の自動化の展開 ………………………………………… 98
　3.5　みんなでやるTQC運動 …………………………………… 101
　　(1) 100%良品を作ろう運動 …………………………………… 101
　　(2) 世界のデンソー，みんなでやるTQC …………………… 103
　　(3) ビッグスリーからの視察依頼 ……………………………… 105
　3.6　人材育成の進化と深化 ……………………………………… 108

第4章 ボーダレス・グローバル時代に立ち向かう

4.1 グローバル生産への挑戦 ……………………………………… 113
4.2 世界一製品作りとTQM運動 …………………………………… 119
　(1) TQCからTQMへ ………………………………………… 119
　(2) 世界一製品作り …………………………………………… 120
4.3 品質要求の高まりに応える品質向上の取組み ………………… 126
　(1) 品質問題からの学び ……………………………………… 126
　(2) 風化防止 …………………………………………………… 131
　(3) やりきる風土づくり ……………………………………… 134
4.4 ぶれない人材育成 ……………………………………………… 139
　(1) バブル経済崩壊後でもやり続けたこと ………………… 139
　(2) DNA研修 ………………………………………………… 141

第5章 これからの品質経営

5.1 自動車を巡る将来の課題 ……………………………………… 146
5.2 品質保証での挑戦課題 ………………………………………… 152
5.3 経営のグローバル化と日本品質確保 ………………………… 155
5.4 これからの日本におけるモノづくり革新 …………………… 162
　(1) 二つの考え方 ……………………………………………… 163
　(2) 明日の当たり前づくり …………………………………… 167

おわりに ……………………………………………………………… 171

索　引 ……… 175

第1章 デンソーを発展させた三つの力

　デンソーが今日までどのようにしてお客様から信頼され期待される存在に成長してくることができたのか，その原動力とも言える三つの力についてまず述べておきたい．

　第一に，遠い先々を見通して足元を固め耐えて時代の先へと舵を切り続けた経営の力である．

　第二に，品質重視の姿勢を堅持し日夜それを磨き自社のコア技術を駆使して常に時流に先んじた開発を進めた技術の力である．

　第三に，創業時の労働争議を経て心に刻んだ労使相互信頼の絆がベースになっている人の力である．

　人を基本とし，人材育成に不断の努力を重ね，加えて全員参加で難題に立ち向かうという社風など，人の力がすべての活動の基盤になっている．

1.1 経営の力

　日本電装株式会社（現 株式会社デンソー，以下"デンソー"という）が創業したのは戦後間もない1949年12月のことである．創業といっても戦後の不況の中，経営危機に陥ったトヨタ自動車工業（現 トヨタ自動車株式会社，以下"トヨタ"という）が不採算

部門の電装品(発電機など)とラジエータ(エンジン冷却水の放熱器)の部門を**分離独立**させたのがその理由である．とはいえ，トヨタの創業者である豊田喜一郎氏には"独立後はトヨタの一部門にとどまらず，広く日本の産業振興に寄与してほしい"という思いがあり，あえて社名に"豊田"ではなく"日本"を冠したとの逸話がある．こうしてデンソーは自らの第一歩を踏み出した．そのときの社員数は1 445人であった．

写真1.1 設立当時の社屋

トヨタ南工場はデンソーとなり，電装品(巻線技術)とラジエータ(製缶技術)が引き継がれた．その理由は，他の自動車部品に比較して両者とも製造するための専門性が要求されたためと言われている．

デンソーは創業後すぐ苦難に直面した．1億4 000万円もの借入金があるうえ，不採算事業を抱えたことから約3分の1の従業員の人員整理を行わざるをえなかった．そのため翌年3月に労働争議が勃発した．ストライキは29日間に及んだが，会社側の"会社

の再建が軌道に乗り増員が可能になったならば整理に応じた従業員の復帰を優先する"という説得が実り，組合側も涙をのんで仲間が去ることを受け入れた．当時の苦難について二代目社長の岩月は"争議が済んで，日本電装全員が総懺悔して，懺悔の上に立って互いが手をつなぎ合って，相互信頼を基調に再建しようではないかという気持ちで再出発したのです"と回顧している．デンソーの"人を大切にする経営"はこのときの**労使相互信頼**が会社側・組合側の共通認識として息衝いているのである．

創業当時，終戦を迎えたということもあって，世界の自動車の動向は乗用車が主流となっていた．自動車の年間の生産台数は米国が920万台，英国が120万台，ドイツ，フランスがそれぞれ91万台，73万台であり，欧米にはすでにモータリゼーションの波が訪れていた．それに比較して日本ではわずか17万台であり，そのうち乗用車は2万台にすぎなかった．しかし，1950年の朝鮮戦争勃発の直後に生じた朝鮮特需によってデンソーの生産・販売は好転し，創業後3年で黒字化を達成することができた．もちろん，解雇した従業員の再雇用も忘れなかった．

ただ，デンソーの経営陣はこれに慢心することなく業務改善に取り組んでいった．当時を記録した社史を紐解くとそれを突き進めるに至った事情がうかがえる．

当時の社長である林は会社の生産力に危惧を抱いていた．以前あった高性能の設備は東海地方の航空機産業に徴用されて手元になく，残った生産設備はトヨタから払い下げられた旧式のものばかりであった．さらには生産量が少ないこともあってほとんど手作業に

頼るありさまだった．海外の自動車部品メーカーと比較すると10年，あるいはそれ以上の遅れがあった．生き残るためには競争力のある技術や設備が必要だった．

　林の決断は早かった．1952年5月，2人の役員を現地調査のため米国に派遣したのである．米国の電装品業界を2か月半にわたってつぶさに視察した二人は最新の経営システムと生産システムの詳細を報告した．

　林は同年9月，さらに勇気ある行動に出たのである．1950年決算で売上高3億3000万円という状況にもかかわらず，1億6000万円をかけて様々な最新設備を導入することを決断したのである．この決定は未来に向けて向上心を抱き，常に時流に先んずる経営の力として語り継がれている．これによってデンソーの**生産基盤**は整備されたのである．

　こうした中，未来に向けた全社的なコンセンサスづくりのために，**社是の制定**作業が始まった．全社員の参画が不可欠であるとの考え方から，役員，部次課長はもちろん，一般社員からも文案が募集された．結果は，異句同義を整理してもなお140を超える提案が寄せられたとの記録がある．当時の社員の関心の深さがうかがえる．提案は役員会で議論され5項目に絞られた．しかし，盛り込むべき内容はともかく，社是としてメッセージを短い言葉に込めることは難しい．そこで，社是の文章化は社長の林の役割となった．

　林は"豊田佐吉翁の精神"を体得しデンソーを育てた人間として社是を表すのにふさわしいとだれもが考えたのである．林は簡潔，かつ，明瞭な4行のメッセージとした．"常に時流に先んず"とい

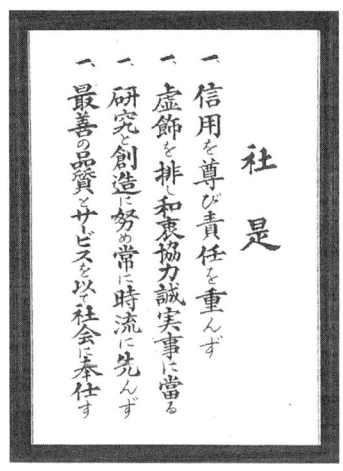

写真 1.2 制定された社是

うメッセージももちろん盛り込まれた．1956 年のことであった．

このような常に時流に先んずる精神は引き継がれ，1960 年，会社全体を動かす大きな力として結集された．それは**デミング賞への挑戦**である．当時，林は 10 年間安定的に成長してきたものの，他社の参入によって厳しさを増す業界でイニシアチブを取るには"品質を第一の競争力としなければならない"と考えていたのだと思う．しかし，デンソーの規模と浅い歴史から考えるとデミング賞挑戦は時期尚早，あるいは無謀であるとだれもが考えた．また親会社のトヨタもまだ受賞してはいなかった．しかし，林はここでも決断が早かった．1959 年"世界に通じる品質管理方法を確立するためにデミング賞に挑戦する"と全社員に向けて発表したのである．林の意図はもう一つあった．それは"挑戦する姿勢こそが世界中の顧

客の信頼を勝ち取ることになる"という考えであった．

　デンソーは常に先を見据えて将来の目指す姿を書き表し，その実現に向かって全社一丸となって取り組む経営スタイルを取っている．1954 年に発表した"会社 5 か年計画"をはじめとして，以降，要綱やビジョンと名を変えたが，節目となる年数で区切り，節目ごしに長期ビジョンを策定している．そして，それに基づく中長期経営計画を全部門で立案し，一貫して夢の共有化を図ってきたのである．

　経営者の未来を見据える目と決断力は今日のデンソーを築いた大きな力である．

1.2　技 術 の 力

　デンソーが創業時に手にした技術は電装品と熱交換器であった．これらを駆使して，まず各種電装品事業に注力し"電装品の日本電装"の地位を得た．次いで熱交換器技術を駆使して"カーエアコンのデンソー"の地位を築き上げデンソー発展の礎を確立した．さらには，IC 技術を追加して"カーエレクトロニクスのデンソー"と言われるまでに成長し海外に雄飛していった．

　ここでは，電装品を中心に点火から発電までの総合自動車部品メーカーを目指した製品開発や，あわせてそれらを縁の下から支えた自前設備開発などの技術の力について述べる．

一歩リードの開発

1950年代の日本の自動車は欧米のそれに比較して非常に小排気量であった．特に米国は4 000～5 000 ccの排気量を有するエンジンを用いて低回転でも太いトルクを発生させることによって快適に運転ができる自動車を生産していた．しかし，当時の所得水準を考えると日本ではそんな自動車は売れるはずがない．日本は800～1 100 ccという排気量で，いかに高出力を確保するかが課題であった．

当時のエンジンは，キャブレタ（気化器）で霧状にしたガソリンをシリンダ内に導入し圧縮して，スパークプラグで点火することによって回転力を生み出した．出力を得るためには，まずは確実に点火する必要があった．

自動車電装品メーカーとして成長していくためには，巻線技術を中心とする電装品と製缶技術を駆使する熱交換器だけでは不足である．当時の経営陣はそう考え，高い技術を必要とする**点火**に目を付けていた．つまり，点火から発電までの一貫した総合自動車部品メーカーになることを目指したのである．

そのような中，1953年，欧米の先端技術を吸収するためにドイツのロバート・ボッシュ社と技術提携した．当時のデンソーは規模も小さく，ボッシュ社は実に親切に教えてくれた．そのときボッシュ社は"優秀なスパークプラグを製造できることは技術開発力の指標となり，それによって会社の信用も高まる"とアドバイスしてくれた．

そこでデンソーは国に対してスパークプラグの製造認可を申請し

たが，すんなりとは認可が得られなかった．背景には当時の護送船団方式の業界保護育成政策があったのである．日本特殊陶業株式会社，株式会社日立製作所の2大手と愛知化学工業株式会社（現 アイカ工業株式会社）の3社が育成の対象であり，それ以上の生産力は不要と考えられていたようである．それでも粘って，2年後に愛知化学工業と合弁で愛知電装株式会社を設立し，1959年から生産を開始したのである．当時の経営陣の総合自動車部品メーカーへの執着はここまで強いものであった．このスパークプラグ生産に伴うセラミック技術の導入はセンサ技術に引き継がれ，その後のデンソーにとって欠かせないものになっていったのである．

　エンジンの高出力化に向けて次に目指したのが点火時期の最適化である．エンジンは高回転になればなるほど，圧縮の上死点よりも手前で点火しないと燃料全体に延焼できない．そのためにディストリビュータ（配電器）内に遠心力を利用して進角させる機構を有していた．また，加速時は高濃度の燃料が送り込まれる．そのときさらに点火時期を進角させないとノッキングしてしまう．そのため，吸気マニホールドの負圧の変化を利用したバキューム進角という機構も有していた．ただ，これらはメカ的に行っていたので正確ではなく十分な出力向上が得られなかった．

　そこで，当時専務の白井（三代目社長）を中心にデンソー技術者はそれらを電気的に制御しようと考えた．白井は若いころ，トヨタで豊田喜一郎氏とともにエンジン開発に携わったという経歴の持ち主である．"セミトラ""フルトラ"イグナイタから始まった点火時期制御の成果はESA（Electronic Spark Advance：電子進角装置）

と呼ばれる電子式点火装置へと進化していった．従来，点火時期はエンジン回転数や吸気マニホールドの負圧に対して直線的にしか制御できなかったが，この方式はそれを自由に変更できるというものである．その後，さらにエンジン温度などの状況に応じた補正を盛り込むなど，より精度の高い制御を実現した．

ところで，自動車の電装品の搭載環境は温度湿度も当然のことながら，この点火という作動のため非常に強いスパイクノイズが電源系に乗る．トランジスタで点火時期をコントロールするというアイデアは各社も持っていたが，一般民生用のトランジスタでは耐電圧が低いため実用にはならない．実はイグナイタ・アンプが世に出たのは 1976 年であるが，デンソーではその約 10 年前の 1967 年に，当時の社長である岩月が"IC 製造を含むエレクトロニクス事業"をスタートすることを決断し，IC の内製化を見据えた研究を始めていた．本格的なクリーンルームを備えた研究棟を 1968 年に完成させ，その後，ノイズ耐性に優れた IC の開発を進めてきたのである［3.2 節(1)項，75 ページ］．

1960 年代，スモッグの問題が米国で巻き起こった．大気浄化法が，通称，マスキー法として改正されたのが 1970 年のことである．この話題は後ほど詳しく述べるが［3.2 節(2)項，78 ページ］，この**排出ガス浄化**でも一歩リードした開発が行われたので概要を紹介する．

シリンダ内でガソリンが燃焼する際，一緒に吸い込んだ空気中の窒素が酸化したり，ガソリン中の硫黄分が酸化して亜硫酸が生成される．これらがスモッグの原因である．この原因物質をマフラの前

段にある触媒で浄化するというのが有効な対策であり，今日も用いられている．ところが，ガソリンの供給がうまくいかず未燃焼のガソリンが排気され触媒へ届いてしまうと触媒が高温になって焼け落ちてしまう．そこでガソリンが未燃焼にならないように，理想空燃比（空気と燃料の燃焼に理想的な混合比）を守って燃料供給することが必要である．それを実現しているのが EFI（Electronic Fuel Injection：電子制御式燃料噴射装置）である．デンソーはその制御装置をいち早く研究し実用化していった．物理学に長けた技術者であった当時の副社長の北野は EFI の開発を強く後押しした．彼はデンソーに吸排気という新たな領域に活動を広げた立役者である．

一味違うモノづくり

このように，製品については常に時流に先んじた開発を目指してきたのであるが，製品のみならず生産工程に関しても常に時流に先んじた果敢なチャレンジが発揮され，常に一歩リードすることを目指してきた．すでに 1950 年代から手作業を機械化へ移行するための自動化が始まっていた．当時，生産技術を引っ張っていた製造部長の青木はその機械を"専用機"として内製化することで他社との差別化を図る戦略を持っていた．当時，直接作業員のうち 10% に相当する人員が型・治工具・専用機の生産にあてられた．個別工程の機械化・自動化の時代であった．

1960 年代に入ると，それらの機械を連結した**線の自動化**が進められた．いわゆる"トランスファー"である．1950 年代，フォー

ド社やボッシュ社においてトランスファー化が進んでいた．当時の技術担当役員の北野や青木は，日本においても1960年代には必ず本格的なモータリゼーションが到来し市場の需要が増える，そう考えれば量産効果を得ることができるトランスファー化は必須と考えていた．デンソーは他社に先駆け1950年代末からトランスファー化に取り組んだ．1961年にダイナモ（直流発電機）のアーマチュアライン，1962年にスパークプラグ組付けライン，1963年にスタータアーマチュアラインと次々に一貫製造ラインを立ち上げて生産効率を上げていった．トランスファーラインには他社とは一味違う気配りがなされた．つまり，トランスファーライン開発には後述する工程能力指数による評価（工程能力調査）が活用され［2.2節(2)項，39ページ］，単なる生産効率アップのみならず高い歩留まり率を達成し，高品質を実現するラインとして仕上げていったのである．

トランスファーラインとともに記憶にとどめておきたいのがラインを設計する際に実施された**次期型製品研究会**，略して"次期型研"である．研究会とはいかにも仰々しい名称であるが，これには設計者と生産技術者が同時に参画するという意味が込められている．後で詳しく述べるが，考え方は現在では一般的になったコンカレント・エンジニアリングの手法である［3.3節，82ページ］．それに加えて競争力という視点からベンチマーキングの手法も取り入れられた．それまで多くの生産技術者は設計者が描いた図面が手渡されてから，それをどう作るかということに腐心していた．それが研究会では，例えば"そのような部品の取付け方では，工程内で3回も

製品をひっくり返さなければならない．ねじ締めの方向を変更できないのか"というような意見が戦わされた．つまり，設計と同時進行で生産効率化が検討され，生産技術上の要求が設計に反映されることによって製品は洗練されていった．次期型研はその後の世界一製品を生み出すのに大きな役割を果たしたと考えている．次期型研は工程設計のコンカレント化だけでなく，世界一を実現するために不可欠な"フレキシブルな生産を可能にする高性能な製品"として設計を洗練させる場でもあったと思うのである．

創業当時のコア技術は電装品とラジエータであったが，点火から発電までを一貫して手掛けることを目指し，まずはスパークプラグ事業を手中にし，点火時期の最適化，排出ガス浄化対応技術とその範囲を広げていった．電気を扱う電装品のコア技術は制御技術（エンジン性能向上や排出ガス浄化）とIC技術（ICの内製化）を加えてカーエレクトロニクスのデンソーへと成長させた．一方，ラジエータのコア技術は，カーヒータ，カークーラ，カーエアコンへ進化しカーエアコンのデンソーへと成長させた［2.5節(2)項，51ページ］．そこには一歩リードの開発と一味違うモノづくりがあった．

以上，電装品事業の発展の一端を紹介した．デンソーは経営陣の指揮の下，総合自動車部品メーカーへの思いを共有化し，製品開発部門と生産技術部門とが密度の高い連携を行って自社のコア技術を磨き上げてきた．このように，常に時流に先んじた開発と失敗に学ぶ品質重視のモノづくりを貫いた技術の力はデンソーを今日まで成長させた大きな力である．

1.3 人 の 力

　デンソーは"人を大切にする"ことに徹している．それは先に述べた労働争議で心に深く刻んだ労使相互信頼の絆がベースとなっている．人は創造力の源泉であり会社としての貴重な財産である．デンソーは"一人ひとりを尊重し，その力を最大限に生かす"という基本理念のもとに"従業員一人ひとりの能力向上と全員参加の風土づくりによる総合力の発揮"に不断の努力を重ねてきた．

　デンソーの人づくりは1954年の技能者養成所の設置に始まった．中学校卒業者を対象とした3か年の技能者養成教育である．その前年，当時社長の林が技術提携交渉のためボッシュ社を訪問して視察した際，同社の技能訓練のやり方や訓練施設の充実ぶりに感銘を受けたことに端を発している．

　この技能者養成所は後にデンソー学園へと発展していく．ここで高度な技能者を養成した結果，彼らが試作部や工機部で活躍し，高性能な製品開発やトランスファーマシンの内製化を支えてくれたのである．また，彼らが技能五輪に挑戦し立派な成績をあげてくれるようになって社内の士気もますます高まったのである．

　一方，技能者養成所を設置した時期と時を同じくして，ニューヨーク大学教授 W.E. デミング博士指導による SQC（Statistical Quality Control：統計的品質管理）を社内教育としていち早く取り入れていった．手回し計算機と計算尺の時代である．デミング賞挑戦にあたっての体裁を整えるというためではなく，真に技術開発に有効だとトップが考えたからこそ，デミング賞挑戦の5年も前

写真 1.3　技能者養成所　裸電球の下での実習(1955年ころ)

に教育として取り入れていったのである．このQC教育による一人ひとりの品質知識のいち早い積み上げは，1959年に決意したデミング賞挑戦において，その力を遺憾なく発揮することとなった．

　デミング賞受賞は品質基盤を固めることに大きく寄与したことはもちろんのこと，デンソーにとって大変貴重なことを実感させてくれた．それは全員が参加し全社一丸となって力を結集すれば，掛け算のように大きな力となり，困難と思われた目標も達成することができるということを全員に実感させてくれたことである．

　デミング賞受賞後もQCへの取組み，そして全員参加の取組みは途切れることなく続けていった．1964年には中部地区の企業の先陣を切ってQCサークル活動を導入した．当初は製造部門12サークルであったが，瞬く間に全社的な活動へ広がっていった．こうして全員参加の活動はデンソーの代表的な活動スタイルとして定着し，1971年には活動開始後わずか2年でPM（Productive

Maintenance) 賞を受賞するまでに活性化した "全員参加の PM 活動" や 1974 年からの "100％良品を作ろう" 運動, 1978 年からの事技部門における "なぜなぜ QC サークル" という業務改善活動などにつながっていったのである.

デンソーは人材育成に加えて, 働きやすい環境づくりや福利厚生にも熱心に取り組んだ.

1968 年にはパートタイムで働く主婦の人たちが子供を預けて安心して働けるようにと企業内幼稚園 "あらたま幼児園" を設立した. また事業拡大によって地元だけでなく遠方からも人を採用するようになると, 彼ら彼女らがこの愛知県に定着して末永くデンソーの戦力となってもらうことを支援するために, 1979 年, 会社創立 30 周年記念として建設した保養施設 "遊亀荘電装会館" に社内結婚式場を設けた. ここでは 2 000 組近いカップルが挙式をあげている. このような福利厚生は会社創業時より地味ながらたゆみなく続けている.

デンソーは "人を基本とする経営" "人を大切にする経営" に徹してきた. いわゆるバブル経済崩壊後, 多くの企業が経営合理化のために QC サークルや技能教育といった活動を縮小する中, デンソーはめげることなくその火を絶やさなかった. 世の中では合従連衡が進み企業文化が中和され企業のアイデンティティが失われていく中, デンソーはそれに巻き込まれることなく "人の力" を重視する文化を維持し続けた. その結果, 弱体化を防ぎ不況を乗り越えられたのだと考えている.

デンソーにおける全員参加の活動は決して押し付けではない. 労

使懇談会などで会社の経営状況などを仔細に伝えるなどして問題意識の共有化を図るという伏線がある．会社を取り巻く環境が厳しくなればなるほど気運の盛り上がりが必要であるが，デンソーではトップが"品質は競争力の源泉""総合自動車部品メーカーになりたい""カーエレクトロニクスをやるのだ"と言ったように全従業員に方向性を示すこと，また教育・訓練という場を提供すること，すぐれた競争相手を見せること，これらをたゆみなく続けて従業員に問題意識を植え付けつつ育てたからこそ，全社が一丸となって取り組むという"人の力"が生まれたのだと考える．

　また，全員参加はトップダウンでもボトムアップでもない．トップは従業員にとって雲の上の人と感じるかもしれないが，決して煙たい存在ではない．トップが関心をもつことには従業員自らも参画して水平目線で"一緒にやろう一緒に考えよう"という社風である．"お前らやっておけ"はないし，第一線の従業員の意見や考えはしっかり傾聴する．だからこそ全員がオーナーシップをもち，ついついその気になってとことんがんばるのである．全員参加とはこうあるべきだと考える．

　一人ひとりの能力向上を図る人材育成，総合力を発揮させる全員参加・全社一丸の取組み，そして安心して働ける環境づくりで培ってきた"人の力"が現在のデンソーをつくり上げてきた．そしてこの"人の力"こそ，今後のデンソーを切り開いていく鍵となるのである．

第2章 苦難を乗り越えデンソーらしさを磨く

　デンソーがトヨタから分離独立して創業したのは戦後混乱期の1949年であった．日本は自動車やその部品の生産がままならず，鍋釜にも事欠く困窮の時代であった．

　どの会社も最初は弱小だ．最初から大企業などない．しかし弱小とはいえ，その内に秘めた"すごみ""強み"がある．そのすごみとは何か．純粋でけがれがなく顧客・市場に真正面に向き合いその声に耳を澄ます．愚直に地道にそして徹底的に物事に取り組む．その研ぎ澄まされた精神と姿勢が顧客や市場のニーズに適合する解を生み出す諸活動につながっていく．これはまさにすばらしい成長への王道だ．

　先輩たちは創業後の困窮時代にデンソーらしさ，デンソー流の経営基盤を確立した．我々後進は基本的にこれを継承し，守り，磨き，そしてそれらを強みとして活動し今日の成長につなげてきた．

　本章では，創業期の経営基盤確立の苦闘とそれを成長につなげたすばらしい諸先輩の活動を紹介する．

2.1　ロバート・ボッシュ社から学ぶ

　デンソーは，トヨタから分離独立して間もない1953年，当時西ドイツに本社を置くボッシュ社と技術提携することができた．

デンソーがボッシュ社と巡り合うことができたのは，トヨタの創業者である豊田喜一郎氏とその友人である東京大学の三島徳七博士のお二方の仲介のお陰である．

当時，ボッシュ社は日本と同様，敗戦による甚大な被害の中から急速に立ち直り，欧州随一の電装品メーカーとなるまでの復興を成し遂げていた．それとともに広く海外メーカーとの技術提携を求めており，アジアにおいても自動車部品の提携先を探していたのである．

一方，1940年代から1950年代の日本の工業技術水準は欧米と比較して10年以上遅れていると言われていた．自動車電装品もまた，欧米に比べると技術の格差は歴然としており，国産自動車の故障の大半が電装品に集中していたことから，豊田喜一郎氏はすでに戦前から，世界的に評価の高いボッシュ社の技術導入を考え，トヨタの研究顧問であった三島徳七博士に提携の仲介を依頼していたのである．しかし，第2次世界大戦の戦局が逼迫してきたことからこの話は立ち消えになっていた．

ところが，戦後になって突然よみがえることになった．1951年秋，ボッシュ社の海外担当重役のツェヘンダー氏が日本での技術提携先を探しに来日した際，三島徳七博士が"日本電装が最高の提携先である"と強く推薦してくださったのである．

その後，ボッシュ社調査団が1952年11月に来日し，デンソーを訪れた．調査団の中心人物であるグンデルト氏はデンソーの機械設備の充実ぶりや3割配当の実績，トヨタに納入できること，さらには国内他社にも販路を持っていることなどを知って心を動か

され"私は 12 月 17 日に西ドイツに帰る．もし当社との提携を希望するなら 16 日までに東京に来てほしい"と言って東京へ戻って行った．これが 12 月 13 日のことであった．デンソーでは直ちに役員会を開き，技術提携の意思決定を行った．"明日にでも東京へ行って受諾の返事をしよう"と当時の社長の林と常務の岩月が資料を整えて東京へ向かったのである．デンソー経営陣の提携に対する並々ならぬ熱意と対応の機敏さがあったのである．

こうして 1953 年 5 月 21 日，東京の帝国ホテルにおいて，デンソーとボッシュ社との間で技術提携の仮調印が行われ，複雑多岐にわたる契約条件の交渉の後，同年 11 月 13 日にボッシュ本社において正式調印が行われた．

この提携はデンソーにとって誠に幸運なことであった．契約成立後，ボッシュ社から製品のカタログや図面をはじめとして，設備・治工具の図面，テストベンチなどが続々と送られてきた．これらによって世界のトップレベルにあったボッシュ社の製品や技術を知ることができた．

より深く学ぶため，技術部長と製造部長がボッシュ社を訪問した．研究・開発体制は充実していた．4 500 人中，博士号取得者が 250 人在籍する研究部門，大型トラックがすっぽり格納できる，マイナス 50°C にも達する耐寒試験室，製品試験用車両が一度に 200 台も並ぶテスト風景などを眼に焼き付けた．また，材料・設計・加工・機械・検査・サービスのすべてが標準化され，従業員それぞれの役割や作業基準も明確で，さらには工作機械などに独自の創意・工夫を施し，量産を実現させている生産ラインのあり方なども，強

い感銘とともに脳裏に焼き付けた．

　加えて"ボッシュ・ノルム"（ボッシュ社の基準，スタンダード）も大変参考になるものだった．そこには生産面のみならず，組織・経営管理を網羅した，極めて厳格な基準・規格が明示されていた．

　また，ボッシュ社のサービス体制や技能者訓練施設，そしてその教育内容も非常に充実していた．

　このように，ボッシュ社は先進技術はもとより経営管理システムに至るまですべてをデンソーに開示してくれた．これだけに格差が大きいと，ともすればひるみそうにもなるものだが，当時の先輩たちは決してひるむことはなかった．よいところはすべて吸収し消化しようと果敢に設計基準などの標準化体系の構築，自動車部品メーカー初のサービス網（サービスステーションと営業所）の設置とサービス研修の導入など，体制，仕組みの整備に取り掛かったのである．

追いつけ追い越せ

　黎明期のころの絶妙のタイミングでこの提携ができたことによってデンソーは大きくなれたと深く感謝している．同時に，我々の先輩たちの吸収力のすごさ，ものにしようとする努力のすごさに敬意を表したい．

　私はサニーとカローラが発売された1966年の入社である．その当時，どの部屋にも"追いつけ追い越せ"という額が掛かっていた．電装品は提携後約10年でボッシュ社との提携を解消したが，一部の製品，例えば，噴射ポンプなどは提携を継続していた．

デンソーが初めてボッシュ社に技術を提供できたのは，技術提携から実に34年経った1987年の閉磁路式エポキシモールドイグニッションコイルが最初である．大先輩を含めて"本当によかったな""うれしいな"と交わした言葉を覚えている．小さいながら初めて親への恩返しができた瞬間だったと思っている．

　今や規模的にはほぼ肩を並べるレベルとなり，競う部分もずいぶんとあり，ビジネス面では最大のライバル，コンペチタであるが，これらの歴史を踏まえ互いにフレンドリコンペチターでありたいし，我々はかつての恩師ということを決して忘れてはいない．

2.2　デミング賞への挑戦

　デンソーでは，創業間もないころから品質重視の考えのもとにQC（Quality Control）の導入を進めていた．1950年には管理図法，1951年には抜取検査方法を採用した．また，1956年には品質管理委員会及び品質管理室を設置し，委員長及び室長を当時の常務が務め強力に活動を推進した．同時に標語"良い品　低コスト"を制定し，QC強調月間も実施した．このようにデンソーでは創業当初から品質管理を経営の重要課題として位置付け，協力工場も含めて一歩一歩着実なレベルアップを図ってきた．

　当時，国内の自動車業界は政府の保護政策による外国車輸入規制の中で成長することができていたが，国際的に門戸開放の要求が高

まる中で，自動車の貿易自由化は避けて通れなくなるだろうとの見方が出始めていた．社内においても次第に大きな話題となり，役員や管理者の間で貿易自由化になった場合の対応策はどうあるべきかを論じ合うようになっていった．こうした議論の中から，貿易が自由化されてもデンソーが生き残っていくためには"値段で勝負する"のではなく**品質で勝負する**ことが鍵ではないか，そしてそれが日本の自動車産業を大きく支える力となっていくのではないかという認識に結びつき，"品質レベルを大きく一段ステップアップしよう"という意思統一が徐々に進んでいったのである．

このような中，創立10周年を迎える1959年の年頭に，社長の林は会社の体質を強化し品質管理の強化・徹底を図るため"2年先を目標に**全員参加の品質管理**を旗印としてデミング賞受審に向け邁進する"との決意を表明したのである．

デミング賞とは，品質管理の世界的な権威であったデミング博士の日本における功績を記念して，1951年に日本科学技術連盟によって創設されたものである．デミング博士は1950年から1952年にかけて日本企業に対して統計的手法による品質管理（SQC）の指導を行った．これが契機となって日本企業に品質管理が導入され，日本製品の品質は飛躍的に改善されていくことになったことは読者諸兄もご存じのことである．

権威あるデミング賞に挑戦して受賞をすることは企業として社会への信頼度を大いに高めることになる．しかし，この時点でデミング賞を受賞していた企業は八幡製鐵株式会社，富士製鐵株式会社，川崎製鉄株式会社の製鉄3社をはじめ，一流企業20数社であり，

2.2 デミング賞への挑戦

自動車業界では唯一，日産自動車株式会社が1960年の受審を予定しているという状況であった．それだけに1959年に受審を目標とすることは，デンソーにとってかなりの勇気ある決断であったことは想像に難くない．

デミング賞への挑戦という発想の"起こり"には逸話がある．当時の企画管理室員たちによる会合で室員の1人が"これまでデンソーでやってきた品質管理が本物かどうかを中央の専門の先生方に見てもらったらどうだろうか．デミング賞というものがあるらしいから，それに挑戦してみたらどうだろうか"と熱く語ったというのである．その意見を聞いた室長は"なるほど，それで果たして世界品質のレベルが実現できるかどうかわからないけれど，とにかくやってみなければわからないのだから挑戦してみようじゃないか"と言い，上司の白井常務に進言した．それを白井が取り上げ，専務の岩月との相談のうえで社長の林の決断を得て，1959年の年度方針の中に"デミング賞への挑戦宣言"が織り込まれたのであった．貿易自由化への対応について社内議論が起こり，大きく一段ステップアップするための具体的な方策を求められていたからというだけでなく，当時から風通しのよい社風であったことを物語る逸話でもある．

社長の宣言とともに全社員約5 000人の難行苦行が始まった．指導講師による実務指導しして，東京工業大学教授の水野滋先生，同大学助教授の木暮正夫先生，助手の布留川靖氏，東京農工大学教授の中里博明先生にお越しいただき，毎月1回の研究会において，部門別・機能別の方針管理や工程能力調査などについて指導いただ

いた．

　さらに，全員参加の品質管理のために役員，部課長，スタッフに対しては日本科学技術連盟，日本規格協会，中部産業連盟主催の本格的なセミナーを利用して構成した階層別教育カリキュラムを用いて順次計画的に進められた．また，工場の各職場に対しては，社内で作成したテキスト"私たちの品質管理"に基づいて，まず現場監督者に教え方の合宿研修を実施して特訓し，作業者はこの監督者から学ぶという方法で展開された．

　挑戦を決定してから2年にわたる苦闘の日々を経て，1961年9月に本社審査，及び東京，大阪事務所の審査が行われ，10月に受賞の朗報が届いた．その1か月後，東京で開催された品質管理大会において，1961年度デミング賞授賞式が行われ，栄誉ある賞を授かったのである．

　審査委員から選考理由の発表があった．その内容は"日本電装は電装品専門メーカーで，そのパーツの種類は実におびただしい数に及んでいる．それにもかかわらず作業の標準化も進み，デンソー独自の初期流動管理方式や工程能力調査活動によってよく管理されている．外注品についてはライン検査制度が行われ，技術研究の面では新製品を次々，かつ，着実に生み出すなど大きな効果を上げている．まだ規程や作業要領書などが型にはまりすぎていたり，統計的手法の利用に幾分未熟な点が見られるなど若干の問題はあるが，デミング賞実施賞受賞の資格は十分にあると認められる"というものであり，高い評価をいただいた．

　こうしてデンソーは，トヨタグループの先陣を切ってデミング賞

を受賞することができた．難行苦行だった準備の過程では，当然，徹夜での資料作りだとか，なんだかんだといった大激論が起きたとも聞いているが，それを経て"初期流動管理体制"や"工程能力調査"という新しいデンソー独自の考え方を確立することができたのである．

(1) 初期流動管理

　国内のモータリゼーションの進展に呼応した自動車メーカー各社の相次ぐ新車開発とデンソーの自動車メーカーへの拡販努力とが相まって，デンソーでは新製品の数が年々増加し，かつ，多様化していった．このような中で，新製品立上げ時にいかに安定した品質を確保していくかが課題であった．

　それまで設計・生産技術などの標準化，初物検査制度の採用等，種々の努力を積み上げてきてはいたものの，デミング賞受審準備が本格化し，工程内品質，納入品質，そして市場品質などの品質レベルの格段の向上を目指す中で"新製品の立上り時に各種の品質実績が悪化し，その後の低減努力によって低下するものの，次の新製品の立上り時には再び品質実績が悪化する"というパターンの繰り返しが排除できずに課題としてつきまとっていた．

　1960年当時には，製品の種類は約700種に及び，しかもそれらが相次ぐ新型車開発によって，同じ品番の製品は平均生産年数が1年半程度というような状況であり，これをいかにうまく処理できる生産体質を作り上げるかが，その後の競争力を左右すると言っても過言ではなかった．

そこで，それまで積み上げてきた施策に加えて，デミング賞受審準備作業の中で実施してきたことや改善してきたことを製品の開発・設計からアフターサービスに至るまでの流れの中でやるべきこととして整理した．それとともに開発製品や工程の新規性などから"開発新製品""類似又は改造新製品""大きな工程変更"の三つに区分し，業務の次のステップへの移行時において"品質保証会議（略して品保会議，あるいは QA）"という節目を設け，役員・管理者が取組み内容を確認し次のステップへの移行可否を審議するようにした．このように，取組み内容や審議検討方法に軽重をつけ重点管理する品質保証システムを"初期流動管理"と銘打ったのである．

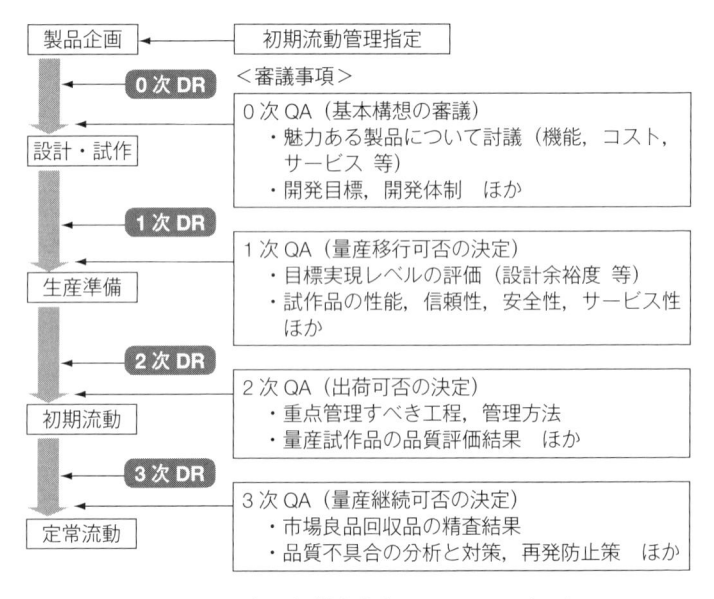

```
製品企画 ← 初期流動管理指定
  ↓            ＜審議事項＞
 0次 DR        0次 QA（基本構想の審議）
                ・魅力ある製品について討議（機能，コスト，
設計・試作        サービス 等）
  ↓            ・開発目標，開発体制　ほか
 1次 DR
                1次 QA（量産移行可否の決定）
生産準備        ・目標実現レベルの評価（設計余裕度 等）
  ↓            ・試作品の性能，信頼性，安全性，サービス性
 2次 DR          ほか

初期流動        2次 QA（出荷可否の決定）
  ↓            ・重点管理すべき工程，管理方法
 3次 DR        ・量産試作品の品質評価結果　ほか

定常流動        3次 QA（量産継続可否の決定）
                ・市場良品回収品の精査結果
                ・品質不具合の分析と対策，再発防止策　ほか
```

図 2.1　現在の初期流動管理システムの概要

まずは立上りの品質の不安定な期間を徹底して短くすることに重点を置いて努力することとし，その目標値として工程内不良及び製品検査不良が"立上り3か月で従来製品のレベルになること"を全社必達目標として掲げて取り組んだのである．

このような努力によって，相次ぐ新製品の量産・出荷においても早期に安定した品質の確保が可能になっていったのである．

デミング賞受賞後，国内各社がこのシステムに注目し，それぞれに"初期流動管理"と称した管理制度として採用している．

(2) 工程能力調査

デンソーが工程能力調査に取り組んだのは，デミング賞受審の準備を進める中で指導いただいた東京工業大学の木暮正夫先生のご指摘によるものであった．"工程能力調査"は木暮先生ご自身の研究テーマでもあったのである．

デンソーは戦時中に豊川の海軍工廠で使用されていた自動旋盤を多数買い受けて使用していた．このことに木暮先生が着目され，多数の自動旋盤に対して工程能力調査を行うと非常に多くの効果が期待できるから是非調査活動を進めるとよいと指摘されたのである．

しかし，ほかの取組み課題も山積していてなかなか手掛けることができなかった．

そんな中，ある企画管理室員が東京工業大学での打合せを終えて帰る際，木暮先生と布留川助手の二人から"日本電装で工程能力調査活動に取り組むことを君が約束してくれ！"と再度要請された．その室員はすぐに手を打たなければならないと考え，翌早朝，当時

生産技術部長であった青木の自宅を訪ねた．会社への出勤途上，歩きながら前日のいきさつを報告し，何としても工程能力調査に取り組む必要があると訴えた．このときも青木の決断は早く，工程能力調査に取り組むことを了承した．

しかし，自動旋盤は100台近くあった．日々の生産の中で連続して加工精度の測定を作業者に依頼することはできないため，たまたま夏休みに入っていた工業高校の生徒50人ほどをアルバイトとして採用して行った．

データを解析した結果，次のことがわかってきた．

- ほとんどの機械の能力（群内変動）は規格を十分満足する能力を持っている．それにもかかわらず，規格を満足しないものが出てくるのは，その機械の調整方法や刃具交換などのやり方のまずさによって生ずる群間変動によるものである．
- このような群間変動はそれらのやり方を標準化することによって，かなり安定したできばえを確保することができる．
- また，規格を満足した能力ある機械での加工は加工スピードを上げることによって，生産性を高める可能性がかなりある．

これらの発見から次のような改善と効果を生み出すことができた．

- まず，機械調整・刃具交換などの操作方法について，群間変動を発生させないように標準化を進め，加工精度の向上と安定化を図った．
- これによって，正確な工程能力が把握されるようになったた

め，設計者はそれを生かした図面公差指示を心掛けるようになる．その一方で，製造においてもそれを徹底して守ろうとする両者の正しい協力関係が築かれるようになっていった．

・さらに工程能力に余裕がある設備については，大幅な生産性向上が図られた．

このようにして進められた工程能力調査活動は切削加工工程を皮切りに，順次プレス工程や塗装工程などへ活動の分野が拡大されていった．そしてその後，工程能力指数として，

$C_p = T/6\sigma$

　T：当該加工機での加工寸法特性値に与えられている公差幅

　σ：当該加工機で生産された品物の加工寸法の標準偏差

という計算式で定義した．その結果を用いて処置を判断するようにしたことによって合理的な設備管理と増大する設備投資の投資効果の最大化に大いに役立たせることができたのである．

表2.1　工程能力調査活動の成果

クラス分け		主な処置
1級	$C_p > 1.33$	管理方法簡素化，生産性向上策
2級	$1.33 \geq C_p > 1$	重点管理，改良保全，設備設計改善
3級	$1 \geq C_p$	全数検査，設備更新又は改良保全，設備計画・設備設計改善

このように，デンソーは工程能力調査を全社的，かつ，体系的に展開したのである．そして，それは大きな効果を生み出した国内機械加工業初の実例として，デミング賞審査にあたり高く評価された

のである．さらには，当該手法の有効性実証によってその後の日本のTQCの発展に貢献できたと考えている．

　なお，工程能力指数は工程における加工ばらつきが規格に対して小さければよりよい値になるが，そのとき平均値はどこにあってもよい．それに対して平均値が偏った場合の評価尺度としてC_{pk}が使用されている．

（3）　受賞後の取組み―品質保証部の設置

　デミング賞挑戦にあたっては品質管理の取組み範囲を経営全体にまで広げてきたが，やはり品質管理は製品の品質確保に関連した本来の範囲で，かつ，国際化に対応できるように品質保証活動のさらなる充実に取り組むべきではないかとの議論が社内で起こった．

　そこで関係文献の調査や電機業界など，他社の実情調査を実施し議論を重ねた結果，1962年12月に品質部を設置した．

　品質部は"トップに代わる品質のお目付役"という役割を持つ部門とした．すなわち，設計，製造，検査，販売，調査，サービスという一連の生産活動が適切に遂行され，その結果として生み出される製品品質のできばえがお客様の要求に対して合致しているのかどうかを種々の方法によって監査し，その結果から問題の抽出と対策処置を行う．そして，それは技術面からの製品・モノづくり改善につなげることにとどまらず，管理面からの仕事のマネジメント改善につなげていくというものである．

　この考えは米国の経営コンサルタントのJ.M.ジュラン博士の提唱を参考にしたものであり，この業務体系を確立すべく品質部を設

置したのである．1年後には，品質部を品質保証部に改称した．

このようにして発足した品質保証部は日本においては先進的であり，それ以降，各社が相次いで品質保証部を設置するようになっていったのである．

(4) デミング賞挑戦から得たもの

デミング賞受賞後"品質のデンソー"という標語を制定した．当時社長の林は"この『品質のデンソー』ということを必ず打ち出して，この標語に恥ずかしくない製品を自動車メーカー各社及び一般ユーザーにお届けして期待に応えなければならない"と述べている．この標語を軸にして，全社をあげて全員参加の品質管理活動を成長させていったのである．

なお，この標語はその後1969年に発生した安城ダイキャスト工場爆発事故を受けて，これを風化させることがないように"安全"を加えて"品質と安全のデンソー"に改めた．これを社内の要所要所に掲示するとともに帳票類からメモ用紙に至るまですべての用紙にこの標語を印刷し，常に目に触れるようにすることによって従業員一人ひとりの心に浸透させていったのである．

デミング賞挑戦を通して"品質とは何か"ということについて，単に作ればいいとか，納めることができればいいじゃないかということから脱皮でき，また"皆が熱心に努力する"ということがデンソーの財産の一つになったと考えている．受賞後発行の"デンソー時報"（社内月刊誌）の中で，当時専務の岩月は次のように述べ，全員参加・全社一丸になることのすごさを全従業員に伝えている．

"デミング賞合格の要因はいろいろあるのでありますが，(中略) 5 000人の従業員が実によくまとまって心を合わせて QC の実践に熱意を傾けていることが審査員の心を打った大きな要因であります．(中略) 5 000人の諸君が苦しみをともにし，喜びをともにする態勢の中にあるということを知って何物にもかえがたい喜びを感じたのであります．これさえあれば何もいらぬという気持ちがいたすのであります"

受賞の栄誉を永久に記念し，さらに今後も QC を徹底させて経営の根幹とし，より高度なものに発展させていく決意を表明する意味で 1962 年に記念碑を建立した．このデミング賞受賞記念碑には前面にデミング賞メダルのレリーフ，裏面には受賞当時の全従業員 5 136 人の氏名が刻まれている．

写真 2.1 デミング賞メダルのレリーフ

2.3　みんなでやる○○活動

　目標や計画を決めれば一丸となれるのがデンソーの一つの特徴である．デミング賞挑戦を機にその思いは全従業員が共有できたが，その後も節目ごとにこの度合いを練磨し今日に至っている．例えば，要綱やビジョンの策定への参画，事業部長が語る会の開催，リーマンショック後には"構造改革の日"と銘打って，丸一日ラインを止めて膝を突き合わせて"自分たちは何ができるか"を話し合うなど，現場も含めて全員で行っている．

　その原点はトヨタからの分離独立直後の人員整理・労働争議にある．二度と起こさないという創業時代の経営陣の精神革命にも似た強い思いであり，強固な労使相互信頼の絆の持続にある．毎年の労使交渉の都度，この絆に緩みがないかを真剣に，時には厳しくやり取りをして労使ともに確認し合っている．これらは日本的経営の根幹をなすものであり，たとえ欧米といってもいくつかの優良企業はこれを重視していると考えている．

　デミング賞への挑戦を通して"みんなでがんばれば"との思いを実感し，その後の諸活動，貿易・資本の自由化対応，モータリゼーションの進展，量産体制の整備，次期型製品開発，海外生産移転などを通して様々な活動上の工夫を蓄積してきている．

　経営側は節目ごとに長期を見据えた要綱（後に"ビジョン"）をまとめ発表し，将来像を全員で共有する．社内は現地・現物を徹底させ，主流傍流といった部門の格差意識はなく，従業員は当事者意識を強く持ち，気付いたこと，気になったことは直ちに関係先に伝え

るなど，風通しのよさを重視し，折りあるごとに喚起している．技術者と技能者，技術部門と製造部門との目線水平な関係，経営者と様々な第一線の従業員との距離の近さは重要な要因と考えている．

　これらの全員参加の活動は"100％良品を作ろう運動"として1974年から1982年までの9年間，"世界のデンソー，みんなでやるTQC運動"として1983年から1988年までの6年間にわたって展開された．全員参加はビジョンに基づく将来像の共有化とともに"お前らやっておけ"の姿勢ではないトップの姿勢，トップの参画が大きな要因だと考えている．

デンソーマンだとすぐわかる

　いよいよデミング賞の審査が差し迫った時期の逸話である．

　各部の管理者・監督者・一般従業員は一日の作業を終えてから深夜に至るまで準備作業に取り組み，通勤時間が惜しいためについには自宅へ帰ることもせずに事務所や工場の床で仮眠を取ったり，果ては会社前の自転車店や麻雀荘の2階を借り切って，そこに寝泊りをする者まで現れたそうである．

　ある日，トヨタグループの役員が激励に来られたとき"電装の人の一途さには負けましたよ．列車に乗ると電装さんの社員はどんなに若い人でもすぐわかるんですよ．皆，品質管理や仕事に関する本を読んでいるんですよ．そんなときに，うちの会社の社員に本を読んでいる感心な者がいたので，どんな本を読んでいるかとのぞいてみると，漫画本を読んでいてがっかりしたよ"と笑いながら話されたそうである．

2.4 QCサークル活動の導入と展開

1962年，日本科学技術連盟は企業における品質管理活動の浸透と管理・監督者の育成を図るため，QCサークル活動の展開を開始した．1964年には全国展開を図るため，関東，東海，北陸，近畿の各地域に支部を結成することになり，東海地域（愛知県，岐阜県，三重県，静岡県）についてはデンソーに支部長会社になるよう要請があった．日本科学技術連盟の部長がお見えになり，当時専務の白井に引き受けてもらいたいとの申入れがあった．記録によれば，白井はこのようなことは本来ならばトヨタが引き受けるべきことと承知していたものの，当時トヨタはデミング賞を目指した準備作業の真只中にあったことから，それが終わるまではデンソーが肩代わりすべきと判断しその要請を受けたのだという．こうして白井が初代支部長に就任することとなった．これを機にデンソーは東海4県下で初めてQCサークル活動を導入し，全社をあげてQCサークル活動に取り組むことにしたのである．

しかし，全社をあげて取り組むことにしたとはいうものの"初めて"にはつきものの多くの苦労があったのである．

これに対して，白井はまず全社一斉にスタートすることは避け，当時七つあった工場のリーダ係長をそれぞれ1人選出し，その人がリーダとなってそれぞれサークル活動を行う．めどがついたところで，その進め方をひな形として全社展開していくというものだった．

選出された各工場の係長は活動の趣旨と内容，そして専務の思い

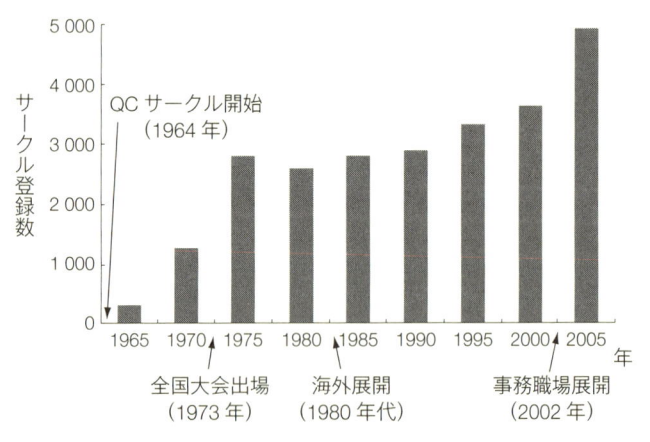

48　第 2 章　苦難を乗り越えデンソーらしさを磨く

図 2.2　全員参加の QC サークル活動

2.4 QCサークル活動の導入と展開

を聞き，まずは実際に取り組んでみることにした．そして，1か月ごとに集まってその結果を報告し合い，具体的にどのような進め方をしたらよいかを検討したのである．毎月の会合は保養所に宿泊して夜遅くまで続けられ，回を重ねるたびに益々熱が入り，時には夜中の2時，3時まで論議したこともあった．

こうした論議の末，QCサークルはまず係長をリーダーに班長とラインの作業者で構成し，会社全体の品質管理活動の一環として職場の核となって活動すること，問題発生時だけでなく日常的に活動を続けること，日常管理項目の異常に対する検討・改善などを行うこと，現場のQCの研究を行うことなどを主な活動内容としてスタートしたのである．

その後，QCサークルは製造部門を中心として順次全社的に展開していった．また，管理・監督者によるリードから第一線の従業員による自主的な活動へと移っていった．社内発表会で選抜されたチームが社外発表会に積極的に参加し，多くのサークルが栄えある賞をいただいている．現在では社内QCサークル大会において，サークルの改善事例，リーダーの運営事例，管理・監督者の推進事例，そして海外各地域での優秀事例など，100件規模の大会をほぼ全役員の出席のもと，毎年開催するまでになっており，製造部門の強い現場力の源泉となっている．

QCサークル活動がもたらす成果は大変大きい．QCサークル活動が始まった当初のQCサークル大会の発表の中で，ある女性リーダーが"これまで私たちは，不良対策は係長や班長の仕事で私たちには関係がないと思っていました．しかし，自分たちでよくよく調

べてみると，その原因は自分たちの作業ミスであることに気付き，皆で対策を考えるようになりました"と述べている．QCサークルは，現場で働く人たちが発見した事実や生み出した改善アイデアを引き出すことによって，彼らの品質意識・問題意識・改善意識を喚起するとともに，全員参加の風土をより強固なものにしていったのである．さらに，QCサークルは最小単位のマネジメント組織であり，QCサークルでリーダーを体験することはすぐれた管理・監督者へと成長していくための登竜門であるといっても過言ではない．正にQCサークル活動は人づくりの場，そのものである．

2.5 創業当初のコア技術とその製品展開

デンソーがトヨタから分離独立した際に製造していた製品はスタータ，ダイナモ，ディストリビュータ及びイグニッションコイルといった電装品，エンジンの冷却水を冷やすためのラジエータ，すなわち熱交換器であった．これがデンソーの最初に有したコア技術である．

(1) 電機・モータの技術

電装品の電機の技術，モータの技術については，創業当初の雇用が大変苦しいとき，何とかこの技術を使って雇用を守りたいということで，1950年から製造販売を始めた電気洗濯機や電気自動車（50台であった）にも生かされた．同じころ，アイロン，ラジオなども作り，できる限り雇用の確保に努めた．コア技術をきちん

と守って，何とか食いつないでいく，生き延びていく，そして土台を作ったらそれを磨き上げて大きくしていくということをしっかりやってきた先輩方は"偉いな"と思うのである．

余談ではあるが，デンソーの洗濯機は"デンソーでママより上手にお洗濯"というキャッチフレーズで当時かなりの人気を博した．一時は月産1 000台で全国第1位の売上げとなり，その後8年間ほどはこれでご飯を食べさせていただいたとのことである．ドラム回転式でホーロー引きの外板は錆びないという品質もなかなかのものであったと聞いている．

また，電気自動車も当時のガソリン車と比べると高速・登坂性能は低かったものの，市街地走行には十分な力を有しており，1回の充電で195 kmも走ることができる実用車であった．デンソーが創業して間もない時期に，これらのモノを生み出すことができたことは注目に値することだと思っている．

その後，このコア技術はオルタネータ（交流発電機），スタータからイグニッションコイル内蔵ディストリビュータなど発電から点火までをカバーする製品群を生み，デンソー発展の礎となった．スタータは低コスト品の攻勢に苦しんだ時期もあったが，最近ではアイドリング・ストップとともにその使用頻度が桁はずれに増して注目が集まっている．静粛性，信頼性の戦いを経て，デンソーのスタータにも新しい春が訪れている．

（2） 熱・熱交換の技術

デンソーの自動車用の熱交換技術には二つの流れがある．一つは

エンジン系統の冷却であり、もう一つは車室内の冷暖房である。冷却を受け持つのがラジエータやオイルクーラなどの冷却機器である。冷暖房は角型ヒータに始まり、カークーラの開発を経てカーエアコンへと進展していった。

デンソーが小型モータとラジエータの生産技術を応用して角型の**カーヒータ**（当時の商品名は"ルームヒーター"）を独自に開発したのは1952年のことである。"弁当箱"と呼ばれたこのカーヒータは温水循環式であった。熱交換技術の源流であるラジエータのコアを4等分、あるいは6等分したものに、高温になったエンジン冷却水を通してファンで車室内に温風を送り込むというものであった。この第1号カーヒータを手掛けた2年後の1954年に、ボッシュ社との技術提携によって開発した丸型ヒータは故障が少なく車室内を暖めすぎるくらい高い放熱量を持っていた。そのため、市場で予想を超える反響があり、空前のヒット商品となった。その後、内気式である丸型ヒータが持つ窓ガラスが曇りやすいという難点を改良した内外気切替え式ヒータ、空冷エンジン用の燃焼式ヒータなど様々なタイプのカーヒータを開発・製造し、1998年にはカーヒータの生産台数の累計は2億台を突破した。

また、丸型ヒータを開発した1954年に新規商品開発の一環として冷凍機の研究に着手した。デンソーの応接室、役員室も扇風機の時代で、かろうじて社員食堂の厨房にアンモニア冷凍機があるのみであった。開発担当の技術者は冷房装置や冷凍装置についての知識も製造の経験もなく、最初は外国人技師の自宅にある電気冷蔵庫を見せてもらうことから始めた。そのように探し回るうちに米国製の

2.5 創業当初のコア技術とその製品展開

ウォータクーラ（全密閉型フロン冷凍装置）を入手することができた．そして，このサンプルを徹底的に調べ，文献と照合し，スケッチを重ね，工機工場の協力を得て2台の試作品を組み立てたのが1955年のことであった．この試作品について，初代社長の林が工場に来て作業を熱心に眺め"冷たい水が出ているじゃないか"と満足そうに言ったという話が残っている．これがデンソーの冷暖房製品の開発の第一歩であった．

その後，1956年にデンソーの発展に大きく寄与する決断がなされた．"翌年の夏にトランクタイプの**カークーラ**を商品化すること"を目標に冷凍機準備室が設けられたのである．発売までわずか8か月という厳しい開発期間の中，主要構成部品であるコンプレッサは米国製（大きな米国車用であるため20 kg近くあり鉄の塊であった）を採用したり，コンデンサとエバポレータの熱交換器は厨房用を製造しているメーカーに依頼するなど試作品作りを進めた．試作品がそろい，いよいよカークーラを装着すると，コンプレッサやコンデンサの重みで自動車が前のめりとなり，さらにコンプレッサを取り付けた側に傾いてしまった．そのため，フロントスプリングにスペーサを入れて姿勢を調整するのであるが，経験もなく専用の道具もなく大変な苦労であった．そして，商品化の目標である1957年に日本初のカークーラとして600台を生産し，トヨタの最高級車クラウンに装着され発売された．当時，クラウン用のカークーラは取付け費用込みで26万円であった．カークーラを設計した係長の1年分の給料が約20万円だったので，自動車はおろかカークーラも高嶺の花であった．その翌年には他社も一斉にカー

クーラを発売し始めた．"何としても 1957 年に発売する"と言った役員室は先見の明があったと言える．

初期に開発されたトランクタイプのカークーラは高価なうえ，設置スペースが大きすぎるなど改良すべき点が多く"トランクに何も積めないじゃないか""坂道を登るだけでも精一杯だからエンジンに大きな負荷をかけることはやめてくれ"などの声が聞かれ，さらに低価格で取付けも簡単にできる普及型クーラの開発が急がれた．

そこで，1958 年の夏に技術者を米国に派遣し，約 2 か月にわたって米国各地の視察を命じた．この視察によって米国では"助手席前に簡単に取り付けられるクーラユニットを備えたダッシュタイプ"が普及しつつあることがわかった．持ち帰ったデータをもとに様々な技術改良を加え，1959 年に助手席側のダッシュパネル下部に取り付けるダッシュタイプのカークーラを開発した．

写真 2.2 モーターショーで紹介されたカークーラ

2.5 創業当初のコア技術とその製品展開

　カークーラで先鞭をつけたデンソーは 1960 年代半ばから暖房と冷房の両方の機能を合わせ持つエアコン化においても業界をリードする役割を担った．この事業を牽引・育成したのは小型エンジン開発の経験をもち，熱工学・伝熱工学に長けた 7 代目社長の石丸であった．1965 年にカーヒータとカークーラの送風機能を合体させた**カーエアコン**を開発，1967 年には，より快適な車室内の冷暖房効果を追求した本格的なオールシーズンタイプのエアコン（現在多く採用されているカーエアコンの原型）を開発した．この後，後席乗員の快適性を重視したデュアルエアコン，頭寒足熱が可能なバイレベルモードを追加したエアコンを開発した．このような技術が進化していく中で，エアコンは小型車まで装着されるようになり，価格も相対的に低くなっていった．

　1960 年代後半になると，他社からの技術追従が加速されただけでなく，異業種からの参入もあってカーエアコン市場は激戦の様相を呈していた．カーエアコンは冷暖房機能だけではなく，ユーザーがより操作しやすい制御機能が求められるようになってきた．デンソーのエレクトロニクス制御技術への取組みは早く，すでに 1969 年からオートエアコンの開発を始めていた．このオートエアコンでは，スイッチを AUTO にセットし，温度コントロールレバーで希望の温度に設定すると，内外気温やエンジン水温の変化をセンサがキャッチし，車室内を目的の温度に自動で保つことが可能になった．このオートエアコンは 1971 年に発売され，快適性と操作性で好評を博した．さらに，トヨタのクラウンに採用されたことで，欧米の自動車メーカーの注目するところとなり，各社の最新モデル車

に採用されるようになった．これを足掛かりとして他製品の販路拡大にもつながったのである．

一方で，これらの開発の過程においては，エアコン起動時の異音（冷媒通過音など），高温多湿の環境下において内気モードで使用する日本特有の使われ方に起因する窓曇り，熱交換器表面が湿潤・乾燥状態にさらされることによって生じる異臭，地球温暖化対応のための新冷媒への切替えなどの品質問題や課題を乗り越えてきた．現在は，より快適な車室内空間の創造，人と地球に優しいエアコンの実現に向けて取り組んでいる．

(3) 機械・精密加工技術

デンソーが分離独立したときに有していた技術は"電機"と"熱"であったが，その後，ボッシュ社からディーゼル用燃料噴射の技術供与を受けて"機械"という三つ目のコア技術を握ることになった．

1955年の初めに，トヨタが将来の日本の燃料事情を考えて新たにディーゼルエンジンを搭載した大型トラックの開発を発表し，そのエンジン用部品には欠かせない噴射ポンプの開発をデンソーが担当することになったのである．

しかし，噴射ポンプに必要な技術を持ち合わせていなかったデンソーは，早速同年にボッシュ社と噴射ポンプに関する技術提携の追加契約を交わし，噴射ポンプ部を設置し，研究・試作をスタートさせたのである．技術者をボッシュ社に派遣し，噴射ポンプの設計と製造技術を習得させた．一方，ボッシュ社からも技術，生産技術，

2.5 創業当初のコア技術とその製品展開

生産のそれぞれの担当者がデンソーを訪れ，列型燃料噴射ポンプの設計・製造に必要な精密加工技術についての指導が行われた．こうして提携翌年の1956年には試作機を製作し，その翌年の1957年には列型燃料噴射ポンプの製品化に成功，トヨタの大型トラックのD型ディーゼルエンジンに搭載されたのである．

このようにボッシュ社との提携後わずか2年で量産化に成功した例は，当時の西ドイツ国外にある同社のライセンス会社ではほとんど見られず，社史によれば"前例を見ない驚異的な成果だ"とボッシュ社内でも感嘆の声が聞かれたとのことである．

こうしてデンソーは"電機""熱"に続いて"機械"というコア技術をものにしていったのである．

この機械の技術は後に精密加工技術と制御技術が融合したコモンレールというディーゼルエンジンの燃料噴射技術で開花する．この詳細は後に述べる［4.2節(2)項，120ページ］．

上述のように，創業初期に手に入れた三つのコア技術（電機，熱，機械）に加えて，その後さらに時代を先読みして"電子（IC）""制御""情報通信"といった新しいコア技術を順次手の内化している．これらについては次節で述べる．

このように自社のコア技術をフル活用し，その実力を伸長させ，時代のニーズや顧客のニーズを先読みして製品開発していくことはモノづくり企業の本来の姿である．現在持つコア技術を一心不乱に極めていくことが大切である．

2.6 自前技術による自動化

　デンソーの生産システム合理化の歴史は単一工程の合理化"点"からトランスファーラインによるライン単位の合理化"線"，製品単位の合理化"面"へとシステムの水準を向上させた．

　さらに，工場機能全体を対象としたトータルの合理化，すなわち情報技術（Information Technology：IT）を積極的に活用した工場単位の合理化を"立体"の合理化と呼んでさらにレベルを引き上げた．

（1） 点の自動化の開始

　1950年代，デンソーはそれまで行っていた手作業を機械化することで生産工程の自動化を推し進めた．いわゆる"点の自動化"である．

　自動化の目的は生産性向上のための工数低減にもあるが，単に省人化だけではなく品質向上が期待できるところに価値がある．デンソーの生産技術を一貫して主導してきた青木は，いずれ好むと好まざるとにかかわらず自動化が必要になることをいち早く予見し，戦後の混乱期から安価な自動化（ローコストオートメーション）を進めてきた．そして，専用機はあくまでも社内で製作することにこだわったのである．切削加工機など他社から買えるものは原則すべて購入し（すなわち"餅は餅屋に任せ"）"よそで作っていないものだけうち（自社）で作れ"というわけである．

　内製化について，青木は自著『生産技術発展の道―ローコスト

オートメーションの指針』（日本能率協会，1988年）の中でレストランの料理と家庭料理を例にあげて"高級レストランへ行って食事をすれば，味も良いし，オードブルからデザートまで完備しているが，それと似たようなものを家庭で作れば，半値でできる．多少不味いと思っても，どこか良い点もある．部品屋のモノづくりとは各家庭で女房の作る家庭料理のようなものだ"と語っている．それを聞いて私は次のように理解した．

"この意味は'格別高級ではない，あるいは特殊ではない並みの素材を使いながらも，旦那さんが喜ぶ料理，旦那さんが味のある男になっていく料理を世の中の奥様は作っているぞ'ということか"．

"たぶん，そこには心の通った間柄，互いを知り尽くした関係があり，喜んでもらえる料理を作ろうとする献身的な心，そして日々改善や工夫を重ね，レパートリーを増やし磨き続けた腕前があるのだろう．また，時には連れ立って高級レストランに出かけて行ってベンチマーキングをしたりもする"．

"つまり，このような旦那と女房の関係，料理に対する心，そしてその腕前はまさに自動車部品メーカーのよいモノづくりの基盤と同じである"．

デンソーは専用機設計及びその製造部隊と工程設計部隊を比較的多く抱えているが，これはこのころからの特徴である．自社最適な内製設備や革新的生産ラインの開発は自前開発であることから限界や世界一に果敢に挑戦できる．高精度，高速加工，一体化，歩留まりの向上などに果敢に挑戦してきた結果，一味違うモノづくりとして競争力の大きな源泉になりえたのである．

もちろん，その功罪，是非についてはしっかり議論され厳しく評価されることも必要だ．そうでなければ，組織の肥大化やそのできばえの甘さが放任されかねない．

(2) 線の自動化の開始

1958年ころから，デンソーはトランスファーライン化を推し進めた．線の自動化である．1950年代前半からボッシュ社やフォード社でトランスファーラインが稼働していたことはデンソーの技術者も知っていた．しかし，知ってはいても当時のデンソーにはそれだけの設備を作り上げるだけの技術力が足りなかったこともあるが，当時はその必要性もそれほどなかった．トランスファーラインでは，月産1万個から2万個という生産量の確保と大きな設計変更なしに長期にわたって生産することが必要であった．当時の技術担当役員の北野や製造部長の青木は"やがてはモータリゼーションが進展し，トランスファーラインは必ずや必要になるだろう"と予測し，1958年ころからトランスファーラインの導入を積極的に進めていったのである．

しかし，青木が進めたトランスファーライン化もはじめのころは，社長の林や専務の岩月にしてみると随分危なっかしいものに見えていたようである．青木がいつも多額の設備費を申請してくる．これを抑えるのが大変なため，営業畑の清水がお目付け役となった．全部細かく計算して正しいかどうかチェックするのである．トランスファー化もはじめのうちは危なっかしかったのは事実のようである．

2.6 自前技術による自動化

　ダイナモアーマチュアのトランスファーラインがデンソー初のトランスファーラインとして1961年に稼働を開始した．

　このラインはデミング賞受審時の審査対象ラインにもなった，というよりも，このラインはデミング賞審査に合わせて作ったという節もなくはない．私は入社前にデンソーを訪問した際，このトランスファーラインを見せられたのを鮮明に覚えている．今思うと，サイクルタイムは50秒であり遊園地のメリーゴランドのようなラインだったが"どうですか，すごいでしょ．デンソーはこのような生産設備まで作って製品を生産しているのです．デンソーに入ろうと思っている人はこのラインをしっかりと見て直ちに入社する心を固めてください"ということだったのかなと思っている．

　トランスファーラインは複数の専用機を線のようにつなぎ，省力化，自動化，高能率化を目指したものである．デンソーがトランスファーライン開発を積極的に展開していった理由は4M（Man, Material, Method, Machine．現在はMeasurement, Environ-

写真 2.3　ダイナモアーマチュアのトランスファーライン

ment を加え 5 M 1 E としている）の変動を極力少なくし，安定した品質の製品を作り続けることにあった．量産としての効率性を高め競争力を向上させるために自動車部品屋としてのメリットを生かし，製品標準化のテクニックを駆使して数をまとめることによって多種多量高速ラインという他社が追随できない生産システムをつくり上げていった．また，汎用機や専用機をユニットとして使用することにより設計変更に追随できること，自動計測による不良はね出し機構を備えることで品質管理が自動的に行えること，ライン内の個々の機械は単独でも運転でき修理や刃具交換時も全ライン停止せずに済むこと，さらには，後工程に一定量がたまるとその機械だけ自動的に加工停止するように仕掛かり量の自動調整・制御ができることなどの工夫を凝らして製作していったのである．

"作業を合理化する"との意味で"合理化ライン"とも呼ばれたこのトランスファーラインは，1962 年にスパークプラグ組付け，1963 年のスタータアーマチュア，1964 年のディストリビュータ及びワイパアーマチュアと順次拡大していった．

丸いもんしかようやらんのか

　私が入社した 1966 年ころには，当時専務だった白井の発言は"青木君（当時取締役）は丸いもんしかようやらんのか"という言い方に変わってきた．それまではアーマチュアやシャフトといった回転体の加工，組付けを対象としたトランスファー化であったが，それ以外の異形状の製品には取り組まないのかということである．つまり，当初は危なっかしいと思われてい

> たトランスファー化は着実に実力をつけて実績を上げるように
> なり，会社に認められるようになってきていたのである．その
> ためか，このころ入社した私の開発対象は四角い異形状の製品
> である"メータの内部機構"の組立自動化となったのである．

2.7 人材育成の重視

　1954年，ボッシュ社に学んで急ぎ開設した技能者養成所の当時の実習施設は本社工場内のトタン屋根の倉庫を改造したもので，設備もごく限られたものであった．指導・訓練の内容は徒弟制度のように肉体的にも精神的にも厳しいものであったが，厳しさの中にも技能者どうしならではの心のつながりがあったからであろう，ひたすら技能の向上に取り組んだ．

　1958年5月，社長の林はさらに技能者養成に力を入れるべく，ボッシュ社の教育制度を詳しく学ぶために技能者養成所係長と第1期卒業生の2人をボッシュ社に派遣した．ボッシュ社の技能訓練は機械と仕上げに精通した熟練工を養成するもので，その教育方法は非常に合理的なものであった．2人は徹底的にそれを学び技能を修得し，帰国後は訓練方法を見直していったのである．

　1961年には，技能者養成所の定員を50人に増やすとともに，1963年にかけて実習工場や機械設備を更新し，1973年に"日本電装学園"と改称した．

　1954年以来，連綿と続けている技能教育によって多くの卒業生が技能五輪にもチャレンジし，輝かしい成果を残してくれている．

彼らはその後も職場で試作や型製作・設備製作など高度な熟練技能を要する場面でその技能をいかんなく発揮してくれている．

　また，デンソーは技術者育成にも力を入れてきた．デミング博士が来日して教えてくれたSQCを1951年には早くも社内教育化したことは先にも述べた（1.3節）．その後も1960年ころには，各部が工夫を凝らした手作りの講座や定時後の勉強会などを会社としての仕組みとすべく一貫化していった．これらは1967年に"固有技術講座"として統合された．定時後であったため，研修助成金を支給し受講を奨励していった．その後，技術者教育は本格的に定時内に実施する方向へ進め，技術研修としてカリキュラムを充実させ実施している．

　こうした技能・技術に対する教育機能は常に時代を先読みして充実させ，積極的な設備投資を行い，教育環境の整備を行っていった．現在は，デンソー技研センターがデンソー工業学園（工業高校課程，高等専門課程，短大課程），技能五輪，技能研修，技術研修の機能を運営している．

　教育・研修に関しては会社の浮き沈み，多少苦しい時期もあったかと思うが"モノづくりは人づくり"であるという考え方を諸先輩から受け継いできており，一貫して"人を基本とする経営"に徹することを重視してきたのである．

2.8　デンソー流経営スタイル

　デンソーは"カリスマなき経営"と評されたことがある［日経ビジネス（2006年2月27日号）"一味違う，だから強い"］．社長がすごい人間でもないとも言える表現ながら，私はむしろ好意的評価と受け止めている．

　昨今の変化の激しい時代に必要な経営スタイルとしては，

- ・任期中の画期的業績向上を旗印としたコミットメント経営
  （社内各部のノルマ達成をうながす）
- ・ポートフォリオを駆使した果敢な選択と集中
  （脚光の当たらないものを切り捨て，時代の光に焦点を当てていく）
- ・必要な技術，人材，事業分野を資金力で短期に手中に収めるM&A経営
- ・新しいキーワードを掲げ全部門をぐいぐいと牽引するトップダウン経営

などがあげられるであろう．

　しかし，デンソーの経営は，これらの点で秀でている，あるいはすぐれているとは言えず，むしろ鈍重ではないかと思っている．例えば，創業当初からのコア技術はすべて現在も活用し何も切り捨てはいない．いまだにイグニッションコイルを生産供給し続けている．人に関しても，長期雇用，人材育成に力点を置き，改善また改善を行っている．"従業員は重要な資産（経営要素）である（Our associates are the most important assets）"と欧米を問わず大半

の企業経営者が口にしているが，リストラクチャリングの実際の行動には実に大きな差がある．

　デンソーは労使相互信頼を土台に"世界各地に定着し愛されること"を掲げ，これにこだわって実行している．

　また，デンソーは創業後間もないころから全従業員が社是（1994年からは"基本理念"）をしっかりと念頭に置いている．長期雇用とはいえ，ほぼ40年で全社員が入れ替わる．20年であれば半数が新しい人となる．そのため，役員，部長は"語る会""労使懇談会""放談会"などで社是の精神を伝えるべく，その重要なフレーズを繰り返し語りかけている．

　経営側はビジョン経営を長年続けてきている．時代を区切り先読みし，長期を見据えた要綱（最近では"ビジョン"と表現）をまとめ公表し，全員で目指す将来像と課題を共有化して進む．その下で長期計画を立て年度計画に落とし込みその必達に燃える．この経営スタイルは現在も継続している．

- "常に時流に先んず"の精神を守り，一歩リードの開発，一味違うモノづくりに努める．
- 顧客第一主義，三現主義を守り"品質と安全のデンソー"を磨く．
- "和衷協力誠実事にあたる"の精神で風通しのよい職場をつくり，全員参加で活動を展開する．

　デンソーがこれまで綿々と受け継いできたこれらの価値観や信念は，私が社長を務めていた2005年4月にデンソースピリットとして表現した．会社のグローバル化の進展に対応して，国境を越え

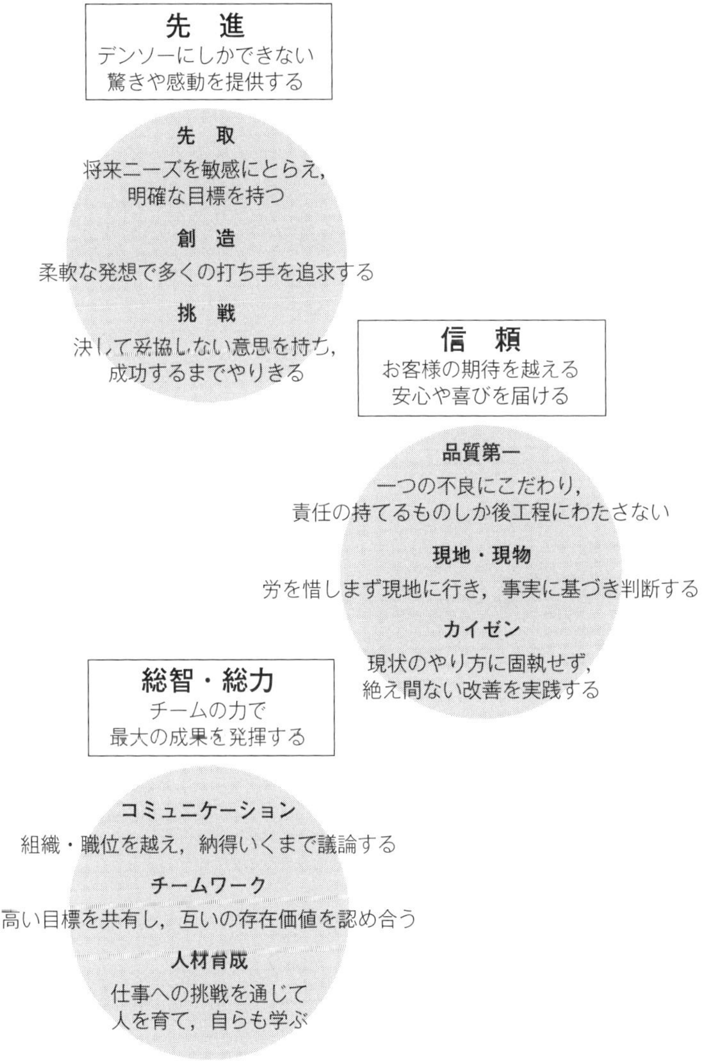

先 進
デンソーにしかできない
驚きや感動を提供する

先 取
将来ニーズを敏感にとらえ，
明確な目標を持つ

創 造
柔軟な発想で多くの打ち手を追求する

挑 戦
決して妥協しない意思を持ち，
成功するまでやりきる

信 頼
お客様の期待を越える
安心や喜びを届ける

品質第一
一つの不良にこだわり，
責任の持てるものしか後工程にわたさない

現地・現物
労を惜しまず現地に行き，事実に基づき判断する

カイゼン
現状のやり方に固執せず，
絶え間ない改善を実践する

総智・総力
チームの力で
最大の成果を発揮する

コミュニケーション
組織・職位を越え，納得いくまで議論する

チームワーク
高い目標を共有し，互いの存在価値を認め合う

人材育成
仕事への挑戦を通じて
人を育て，自らも学ぶ

図 2.3 デンソースピリット

て従業員一人ひとりの腑に落ちるように表現したものである．"先進，信頼，総智・総力"なるデンソースピリットのキーワードはデンソーのすべての活動の土台，基盤をなす社風であり，自社流の考え方や仕事のやり方となっている．あわせて，デンソーが守るべきものは"社是・基本理念・デンソースピリット"であり，心することは"信頼と期待の存在への不断の挑戦""品質経営への邁進"そして"人を基本とする経営"に徹することである．

第3章 世界に目覚め挑戦―そして世界を知る

　日本が戦後混乱期から抜け出し高度成長する時代，デンソーもまた成長を続けていった．やがて到来する貿易や資本の自由化を見据えてその対応を進め，周りに比べて一足早くまずは営業活動から海外にチャレンジしていった．世界は広く，愛知県はもとより日本とも大いに異なり容易なことではなかった．

　国内ではモータリゼーションの波が押し寄せ，次いで排出ガス浄化対策，オイルショックを経ての小型車戦争となった．日本車は競争力をつけ，その結果としての輸出急増は貿易摩擦を起こし自主規制枠を設定した．諸外国の日本を見つめる眼には厳しいものがあった．世界に目覚め挑戦し，世界を知った時代であった．

　世界市場で学んだことを愚直に反省し自らの財産とすることで次なる成長につなげていった時代である．

3.1　世界市場で品質を思い知る

(1)　AA6 ウォッシャモータ受注からの教訓

　1967年2月，フォード社からウインドウォッシャモータの引合いがあった．2年ほど前から，このモータのアーマチュアという回転部品の生産委託の打診を受けていたが，急遽，モータ全体を生

産してほしいという話になったのである．そしてそれを1年後の1968年2月から納入してほしいというのである．

　生産量はデンソーでもこれまでに経験のない月産25万台という量であり，しかも提示されたスペックは厳寒と融雪・凍結防止剤を多用する北米ならではの厳しいものであった．"ウォッシャ液の凍結によるモータロック時の耐熱性確保と潤滑困難なマイナス30℃での作動"という課題はデンソーにとって難問であった．

　しかし"1ドルを切るウインドウォッシャモータができれば世界戦略も可能となる．是非実現させるべきだ""これまで培った技術を駆使した新規トランスファーラインによって生産すれば，フォード社の提示価格を満足するのも不可能ではない"との判断から受注することでまとまっていった．

　フォード社が提示する価格・量を勘案して詳細な原価計算をした結果，今までに経験のない4秒タクトのアーマチュアトランスファーラインを設定する以外に方法はないという結論に達した．それまでに手掛けたラインで最もサイクルタイムが短いものはワイパアーマチュアラインの10秒タクトなのである．

　早速，このラインを実現するため，かつてなかった規模のプロジェクトが編成された．生産技術部担当取締役であった青木がプロジェクトリーダーとなり，製品開発・製造の主管部門を事業本部とし，生産準備に対しては短納期で非常にレベルの高い自動化ラインを作るべく，生産技術部が全面的に参画することとした．また，製品開発上の問題に対しても生産技術部が全面的に参画することとし，同年8月，上記関係部署からなるプロジェクトチームを発足

させた．

　開発も進み，量産開始 1 か月前というときに問題が起きた．量産試作の段階で"回転数不安定"という事態が発生したのである．実は耐熱要求を満たすために従来のウレタン被覆に代えてポリエステルイミド被覆の耐熱電線を採用したのだが，初めての採用だったこともあり，フュージング（熱溶着）の際にポリエステルイミド皮膜がうまく除去できず導通不良になったことが原因であった．この問題を解決すべく，製品設計，生産技術，金属研究，電気加工研究などの関係者が昼夜分かたず不眠不休で取り組み，最終的にはコンミテータに錫めっきを施す方法で解決することができた．

　納入直前にさらに大きな問題が起きた．一難去ってまた一難とはこのことで，マイナス 30℃で通電したとき，巻線がコンミテータ付近で断線したのである．肉眼ではわからないが，針の先で電線を持ち上げてみると，切れていることがわかった．フォード社の仕様書には"マイナス 30℃で通電したとき異常がないこと"という検査規格があった．鳩首協議の結果，粉体絶縁処理を断線部近くまで塗布することによって問題は一挙に解決した．

　こうして 1968 年 2 月に 1 ドルを切るウィンドウォッシャモータの生産を成功させた結果，フォード社のデンソーに対する信頼は急速に高まって納入品目も拡大していった．また，このフォード社との取引はゼネラル・モーターズ（GM）社，クライスラー社（当時），ジョン・ディア社など多数の米国メーカーとの取引を拡大する契機ともなった．

　世界への躍進を担った，海外自動車メーカーへのウィンドウォッ

シャモータ納入という快挙は，正にデンソーの全員参加による技能と技術の結晶から生まれたものと言える．同時に世界の環境に耐えうる品質レベルの厳しさを痛感するとともに，それを会得していったのである．

(2) 世界の環境調査

自動車の使用環境は前述の温度や冷熱サイクルのほか，湿度，振動，埃，塩害など，非常に多岐にわたり，中には非常に過酷な要因も多い．塩害の問題もその一つである．

塩害地での錆問題は1970年代から車両ボディの孔あきや外観錆として大きな課題となっていたが，アニオンからカチオン電着塗装へ，防錆鋼板の採用などにより耐食性向上が図られ，車両ボディに関する錆問題はほとんどなくなっていった．この車両ボディの耐食性向上に伴って相対的に部品表面の錆が目立つようになり，自動車メーカーから部品の外観錆が問題視されるようになっていったのである．

デンソーでは市場で3年間錆問題を起こさないことを目標に耐食規格選定基準を1978年に制定していた．この基準では耐食性評価方法として，JISに準拠した塩水噴霧試験，CASS試験を適用していた．

長年この試験方法により表面処理部品の耐食性を評価してきたが，部品によっては実車の腐食形態を再現しない場合が見受けられるようになっていた．

そこで1984年から自動車メーカーの北米や欧州の塩害調査隊に

3.1 世界市場で品質を思い知る

同行させていただき，市場環境の把握と部品の腐食形態の整合性確認に取り組んだ．この調査によって当時，錆の原因となる融雪・凍結防止剤の散布量が世界中で最も多い地域であるカナダの東海岸では，1 km 当たり 30 トンもの融雪・凍結防止剤が散布されていることがわかった．また，欧州では融雪・凍結防止剤よりも，滑止めとして砂や砂利がまかれていることも把握した（図3.1参照）．

このような市場環境にさらされた実車からエンジンルームを前後上下に 6 分割し，床下と合わせ七つの各取付け位置から 1 部品以上を選定して回収し，腐食形態を分析した．

この調査結果と塩水噴霧試験や当時研究中であった複合サイクル試験方法（塩水を噴霧し続けるだけでなく，湿潤や高温乾燥状態などの条件を加えた試験方法）での試験終了サンプルとを比較し，世界の市場環境と整合がとれた耐食性評価方法へと改善していったのである．

塩害のほかにも，後述する燃料性状による品質トラブルなど，市場における使用・環境条件を十分把握していなかったために発生させてしまった問題は多い．グローバルに保証された製品を提供していくためには様々な使用・環境条件を把握し，それを信頼性試験条件に反映して信頼性を確認していくことが品質保証上，極めて重要である．現在も豪亜・インド・ブラジルなど新興国を中心に現地の自動車の使われ方や温度・振動・塵埃などを調査し，世界環境データベースの更新を継続している．

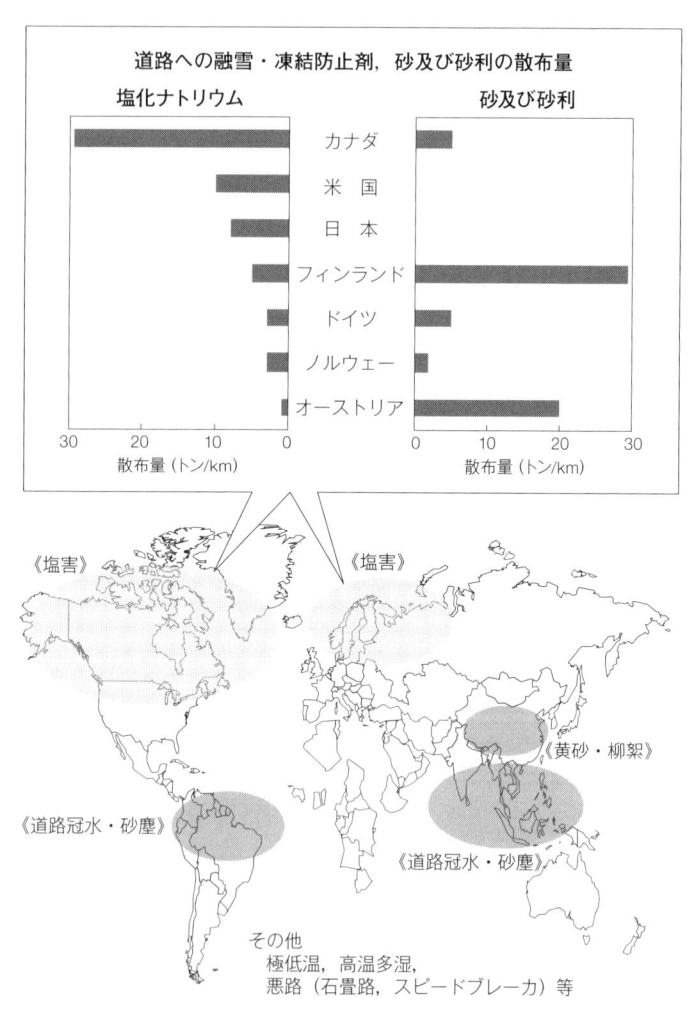

74　　　　　　第3章　世界に目覚め挑戦—そして世界を知る

道路への融雪・凍結防止剤，砂及び砂利の散布量

	塩化ナトリウム (トン/km)	砂及び砂利 (トン/km)
カナダ	約28	約5
米国	約10	—
日本	約8	—
フィンランド	約15	約29
ドイツ	約5	約5
ノルウェー	約3	—
オーストリア	約1	約20

《塩害》　《塩害》

《黄砂・柳絮》

《道路冠水・砂塵》

《道路冠水・砂塵》

その他
極低温，高温多湿，
悪路（石畳路，スピードブレーカ）等

図 3.1　世界の環境調査

3.2　新たなコア技術の獲得と事業展開

(1) IC 技 術

デンソーはエレクトロニクスの電装品への応用について早くから関心を抱き，1962年にはシリコンダイオードを利用した国産第1号のオルタネータを開発した．このダイオードに続いてICが登場し，デンソーは直ちにその利用を図ろうとした．しかし，自動車に用いるICは一般民生用のICに比べて振動や熱などの過酷な条件に耐えることが要求されるため，自動車専用のICとして自社生産することを目指した．

しかし，ICの生産は設備投資額が将来にわたって膨大となることから，周到な予備調査を行ったうえで，1967年，ついに当時社長の岩月は"IC製造を含むエレクトロニクス事業"をスタートすることを決断したのである．日本のモータリゼーションが始まったばかりという時期であった．1968年にはIC研究棟を建設し，本

写真 3.1　現存する IC 研究棟

格的な半導体研究をスタートしたのである．

　当時取締役生産技術部長であった青木が先頭に立って引っ張っていった．当然ながら彼も **IC は未知の分野** であったが，よちよち歩きの中でも一歩先を見る努力をし，挑戦的な目標を掲げ"討ち取る"ことを繰り返しながら貪欲に技術をものにしていった．こうした様子は青木の著書に次のように述べられている．

　"IC をやるにあたって，通産省の電気試験所に行き，'いったい IC を作るのには何が難しいんですか'と聞いてみた．そうすると，'それは水の純度と埃だ'と言われ，技術屋が不良の出る申し訳に，'空気中の埃や，洗浄に使う水の中の夾雑物が原因だというようなことを言ってくるよ'と教えられた．それでは，絶対埃の出ない部屋を作って，水は超純水を使えば，IC の不良は減るだろうと考えた"．

　また，こんな逸話もある．

　"IC を社内で製造し，製品化し，販売するためには通産省の許可が必要であった．そのため私が通産省へ行って'IC を作りたいので許可してもらいたい'と申し出たところ，電子工業課長が'自動車部品会社が IC を作る必要はない，IC がほしければ，すでに IC を作る会社がたくさんあるのだから，そこへ注文して作ってもらえばよいだろう．電装がいまさら作る必要はないのではないか'というのである．そこで，'今の IC というのは，コンピュータに使われるのが主体であり，空調した部屋で使われている箱入り娘のような IC であって，我々が使おうというのは自動車用である．北海道あたりで夜放っておけば，マイナス 20°C とかマイナス 30°C になっ

3.2 新たなコア技術の獲得と事業展開

てしまい，そういう状態で朝スイッチを入れるといきなり，内部温度が100℃とかいうように上がってくる．(中略) それでも壊れないICを作るにはどうしても自動車のことをよく知った我々が，**デンソーが作らなければダメです**' ということを申したら，電子工業課長は考えておられ，'1週間たったらもう一度来い' ということであった．1週間たって行ったところ，'自動車用に限って作るのであって，一般市販をしないという誓約書を提出すれば許可してもよい' ということであった．我々はよそ売りはしないという誓約書を提出して許可してもらい，スタートしたわけである（注　現在はこの制約はなくなり，自由になっている）".

このように，全くのよちよち状態からのスタートであり果敢な挑戦ではあったが，関係者の努力の結果，1968年12月1日，IC研究室を誕生させ，IC製造に関する本格的研究を開始し，シリコン半導体素子のダイオードからトランジスタへの研究を重ねて量産試作を進めていった．

1970年には自動車用ICレギュレータへの量産試作が完了，1972年にはMOS ICの試作体制も完了し，量産製品としてメーター・スピードウォーナのハイブリッドICの生産に入った．

オイルショックや排出ガス規制による燃費向上のためのエンジンコントロールシステムはより高機能高密度化され，それに伴いIC製品は種類・量ともに増加し，工場も拡大していった．1975年にはIC研究室からIC部へ，さらに1984年からIC事業部へと組織も拡大化し，いよいよ本格的な**カーエレクトロニクスの時代**に対応していったのである．

内製 IC 製品や IC デバイスが慎重に市場に投入された最初のころは歩留まりはまだまだ低く，また突然の不可解な工程内不良に遭遇したりすることもあった．目標とした原価に達するには解明すべき事象が山積していた．

　これらを乗り越え，最初は専用のパッケージに収まった状態で車両に取り付けられるスタンドアローン型の IC 製品として市場投入を開始した．スタンドアローン型の IC 製品では大した不具合も経験せず自信を深めていった．

　しかしその後，軽薄短小が求められる時代に移り，自動車メーカーからの小型軽量化ニーズを受けてオルタネータ，ディストリビュータなどに IC が内蔵される機電一体品を手掛け始めたところ，それまでの自信を打ち砕かれるような大きな市場不具合を経験した．急ぎ全社をあげての課題として関係全部門が一丸となって新しい知見を積み上げるとともに技術標準を再整備したのである．

　これらの苦い経験を経て，今日の IC はさらに微細で高機能多機能なデバイスに進化し続けている．

(2) 電子制御技術

　1970 年，自動車排出ガス中の一酸化炭素，炭化水素，窒素酸化物の排出量を規制した，通称，マスキー法が米国で制定された．この法律の名前は発案者のマスキー上院議員の名にちなんでいる．この法案の可決前，米国会ではその実現性を疑問視する業界のトップを呼んで公聴会を開催した．ビッグスリーのトップの回答はいずれも"実現不可能"であった．当時，すでに日本の小型車が米国に

3.2 新たなコア技術の獲得と事業展開

浸透し始めていたことから，日本の自動車メーカーのトップも証言させられた．最初に株式会社本田技術研究所の本田宗一郎氏が証言台に立った．答えはビッグスリーとは逆に"できる"であった．事実同社は，次期シビックに副燃焼室を持つCVCC（Compound Vortex Controlled Combustion：複合渦流調速燃焼）というエンジンを載せた．こうなるとトヨタもできると回答せざるをえない．トヨタにはエアインジェクション・ポンプ方式や触媒方式という腹案があった．

ただ，前述したように，当時のエンジンはキャブレタで燃料を霧状にしていたが，空燃比は理想どおりには制御できない．未燃焼のガソリンがあると触媒に届いて触媒が高温になって寿命が短くなる．

これを防止するには理想空燃比で燃料を供給しなければならない．アクセル開度，回転数，空気温などから即時に理想値を計算して正確な量を噴霧してやるのである．それにはインジェクタという装置をコンピュータで制御してやる必要がある．実は，インジェクタは新しい技術ではない．第2次世界大戦中，後期の61型零式艦上戦闘機など，一部の戦闘機はキャブレタではなくインジェクタによって燃料を霧状化していた．戦闘機は宙返りをするからフロート室が必要なキャブレタは使用できないのである．とはいえ当時は，メカニカル・インジェクタであった．これをソレノイド（電磁石）で電気的に動くようにし，その開弁時間をコンピュータで細かく制御するのである．

総合自動車部品メーカーを目指していたデンソーはマスキー法成

立3年前の1967年に研究を開始し,1970年には米ベンディックス社,ボッシュ社と特許の交換を含む技術提携を成立させ,1971年のマークⅡにEFIシステムが搭載されたのである.

EFIシステムは吸気流量や吸気温,水温といった様々な情報を必要とする.そのためにデンソーは各種センサも次々と開発していった.このとき,スパークプラグで培ったセラミックの技術が生かされることになった.

電子制御技術は今やエンジン制御だけでなく,ABS(Anti-lock Brake System)やESC(Electric Stability Control)などあらゆるシステムに不可欠になっている.マイクロコンピュータを搭載し,組込みソフトウェアを実装したECU(Electronic Control Unit)は車両のありとあらゆる箇所に搭載され安全で快適な走行に寄与している.

(3) 情報通信技術

カーエレクトロニクス化の流れの中で,デンソーは1970年代の初めにカートランシーバ(アマチャア無線機)の開発にも取り組んだ.1973年の第1号機であるND-140を皮切りにカートランシーバとしては全9機種を発売した.これらはすべて社内製である.OEM(相手先商標)製品が1機種もなかったのは特筆すべきことと思っている.

その後,1982年に電波法が改正され,通信事業の自由化の一環として免許が不要でだれでも使えるパーソナル無線機の発売が許可された.すでにカートランシーバで実績を上げていたデンソーは,

市場に参入し，1985年までに5機種を発売し好評を博したが，1985年の通信事業の自由化を契機に今後の動向を踏まえパーソナル無線事業から撤退した．パーソナル無線の開発チームは一部がトヨタ・マルチビジョンシステム本体の開発にまわり，他のメンバーでトヨタ・マルチビジョンシステムに組み込む自動車電話の開発に取り組んだのである．

自動車電話の第1号は1987年にトヨタ・マルチビジョンシステムに組み込まれたハンズフリー自動車電話である．これは，安全運転の観点から受話器を持たずに通話できる電話で，現在のハンズフリー機能を先取りしたものであった．

その後，より自由度の高い携帯電話の利用者が急増することが予想されデンソーも携帯電話の開発に取り組み，1992年に苦心して初の携帯電話T 64を誕生させた．この経験を生かして1994年に発売したT 204，通称"ツーフィンガー"が大ヒットし，通信業界でも知られる存在となった．この機種ではプロレスラーのジャイアント馬場氏を起用した広告宣伝を行ったのでご記憶の読者もおられると思う．発売後わずか1年で約5万台を販売し，デンソーの携帯電話事業の確立に貢献したのである．さらに後継機のT 209は低価格化を図り，1年で25万台の売上げを達成した．

一方，トヨタ・マルチビジョンシステム開発チームはトヨタとの共同開発によって日本における本格的なカーナビゲーションシステムを完成させた．1987年発売のクラウンに搭載されたエレクトロ・マルチビジョン・システムである．当時のコンピュータのOSは，まだMS–DOSであり，地図データも自前でデジタル化しなけ

ればならない状況の中での開発であった．今思えば感慨深いものがある．

　これらの通信技術やナビゲーション技術はデンソーの新たなコア技術として，その後のETC（Electronic Toll Collection System：電子料金収受システム）やITS（Intelligent Transport Systems：高度道路交通システム）の技術につながっていったのである．

> **雌伏10年を越えて**
>
> 　1968年にIC研究室としてスタートして，よちよちながらデンソーの中でIC事業部と言われるまでには15年以上経っている．このほかに現在の主力製品であるカーエアコンやコモンレールシステムなども，泣かず飛ばずの苦しい時代が雌伏10年を超えた年月続き，反対意見の人からは金食い虫だとか，いつ製品が出てくるのかとか，様々な批判が投げ掛けられたであろうと思われる．しかし，ここで思うことは，資金も現在ほどはない苦しい時代の中でボードメンバーが一致団結して，これをやると決断していった先見の明と長い間の信念に基づくじっと我慢の行動はなかなか真似のできるものではなく，すばらしい夢の共有化だったと思う．このような経営者魂や経営姿勢を我々は脈々と受け継がなければならないと考えている．

3.3　常に時流に先んずる開発

製品開発は次の三つのタイプに分けられる．

① 全くの新規製品開発
  ・"世界初""日本初"と言える製品や技術
② 量産主力製品の次期型製品開発
  ・"世界一"がキーワード
  ・自動車のモデルチェンジに類似
  ・ただし，製品サイクル年数はさらに長い
③ 現流動品の設変・改良品
  ・顧客のニーズや社内ニーズに対応
  ・自動車のマイナーチェンジに類似

① 新規製品開発とは，新事業領域の製品，あるいは構造や原理が大きく異なる先々行の製品の開発である．事業部の責任は現事業領域の近未来までであるため，これらは本社の研究開発部門や基礎研究所が担当し，外部研究機関と連携した共同開発も含めて進めることが多い．機先を制しようとするこれらの部門においては，学会や業界の世界会議，専門誌情報にも絶えず目を配り，最先端動向をウォッチしている．また，エンジニア集団とともに高度熟練技能者集団が共同で開発活動にあたっている．

② 現主力製品の代替わり，すなわち次期型製品開発は事業部にとって一大イベントである．コンカレント・エンジニアリングの考え方に基づく社内の取組みは次に詳述するが，失敗の許されない一大開発である．会社のプロジェクト活動として開発部門を巻き込み，また複数の自動車メーカーの目指す方向や希望的な思いももれなくキャッチし，社内で噛み砕い

て次期型構想に入れ込んでいく．

(1) 次期型製品研究会

　この活動の発端は熱交換器の開発時に発案された HE（Heat Exchange）研究会であったと記憶している．1970年ころに考えられたこの活動は急速に他の分野の次期型製品開発に波及していった．

　次期型製品の開発目標はできる限り高く，できれば限界打破，そして世界一の画期的なレベルでなくてはならない．これから何年も先まで市場や顧客の好評を持続し，ライバルとなる会社を圧倒し，拡販につなげていきたいからである．そのために次の活動が行われた．

　営業部門，事業企画部門，サービス部門，製造部門など当該事業にかかわる全部門が一堂に会し，あらゆる面から夢を語り意見を述べ提案する．当然，営業部門や設計部門は自動車メーカーの思いや希望を収集し，かつ，ライバルとなる会社の動向も推察し，マーケット・インの開発を目指す．製品設計と生産技術は同時に開発に着手し開発期間の短縮とフロントローディングに心掛ける．"世界一製品を世界一生産ラインで"を合言葉に，早い段階から加工技術や材料技術など生産技術開発と，また内製設備部隊も組み込まれ同調し活動する．また，技術者が夢を描くこととその夢をなんとしてでも形や物にする匠の技をもった技能者，そして第一線の従業員の現場ならではの気付きを開発に反映すべく，技術者と技能者の融合とも言える熱き連携が展開される．デンソーでは技術と技能の融合が最先端を切り開くと考えており，技能者の士気は高く，彼らへの

期待も大きい．

次期型製品研究会活動はオイルショック後の小型車戦争に打ち勝つ目玉製品作りにおいて朝香鐵一先生，真壁肇先生，赤尾洋二先生，鐵健司先生，そして，バブル経済崩壊後の世界一製品作りにおいてはその重要度が一段と高まり，飯塚悦功先生をはじめとする4名の先生方の指導を得て精力的に展開された．

次期型製品の開発〜生産
●製品設計と生産技術の同時並行開発

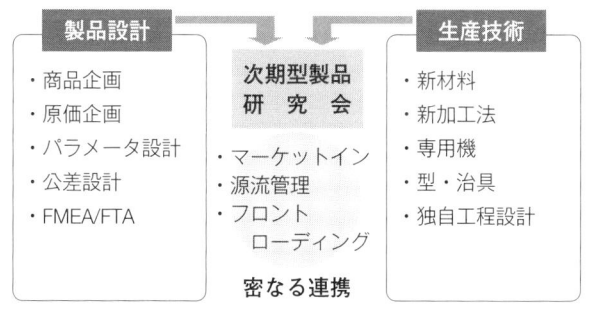

製品設計	次期型製品研究会	生産技術
・商品企画 ・原価企画 ・パラメータ設計 ・公差設計 ・FMEA/FTA	・マーケットイン ・源流管理 ・フロントローディング	・新材料 ・新加工法 ・専用機 ・型・治具 ・独自工程設計

密なる連携

世界一製品を世界一生産ラインで！

図 3.2 次期型製品研究会の構造

(2) SRラジエータ

1965年に熱効率を大幅に改善して，コアの厚みが 32 mm の "32幅のコルゲートタイプラジエータ"を世に送り出したことで，デンソーのラジエータの国内外シェアは大きく伸びた．しかし，1970年代に入り，市場調査結果などから将来的には"軽量でコンパクトな製品が必ず主流になる"と見込み，当時，ラジエータ事業部の太田を中心とした開発陣は画期的な製品開発のために熱伝導・熱伝達

の基本に戻って新しいラジエータの開発に着手した．

　1972年，当時取締役の戸田の指導により"HE（Heat Exchange）研究会"を立ち上げ，製品設計者と生産技術者が一緒になって知恵を絞り出し，考えられる限りの設計パターンを検討しながら一つひとつ改良策を追求していく方法で開発を進めた．

　軽量化の観点から，冷却水を蓄えるタンクを樹脂化すべく，高温・高圧環境に耐えうる材料の開発やタンク構造の設計変更などに取り組んだ．試行錯誤の末"66ナイロン＋グラスファイバ"という新材料を材料メーカーと協力して開発し，タンクを樹脂化することができた．同時に"EPDM（特殊合成ゴム）による成形パッキング"や"かしめ技術"といった主要な要素技術も新たに開発し，1977年，国内初の"樹脂タンク＋2列チューブ"タイプのラジエータを誕生させたのである．

　このタンクの樹脂化はタンク部分のはんだ付け作業の廃止につながり，工程内漏れ不良率を以前の3分の1から5分の1に低減し，製品不良を大幅に減少させることができた．さらに，はんだ付け作業によって生じていた職場の悪環境はその原因となるフラックスによる薬品臭や火気使用による暑熱問題などを除去することによって，飛躍的に改善させることができたのである．

　開発陣にとって"樹脂タンク＋2列チューブ"タイプのラジエータ開発は一つの通過点であり，立ち止まることなくさらなる小型・軽量化を目指した．

　ラジエータの熱効率の性能を飛躍的に向上させるには，ラジエータコアのフィンの間を流れる空気をいかにスムーズに流せるかが

ポイントとなる．そこで，数値解析によるシミュレーション技術を導入し，空気の流れの理論化を行った．数値解析や実験を重ねた結果，薄いコアで高効率が得られることがわかった．また，1 列チューブ，すなわち SR（Single Row）という画期的な発想が生まれ，さらにフィンピッチを従来の半分近くに詰めても風が通り，従来よりも放熱性能を向上できることもわかった．SR 化とフィンピッチの縮小は数値解析から導き出された全く新しい考え方であり，画期的なラジエータ構造であることが立証されたのである．

また，品質保証面からは飛来する虫や小石，あるいは泥などによる影響を確認するための評価試験を徹底して行い，フィンピッチを縮小しても問題がないことを確認した．しかし，量産化を前提とした生産技術面では数々の難問が待ち受けていた．例えば，ピッチが半分のフィンをいかに効率的に製造するかという課題や，車種やグレードによってコア高さやフィンピッチが異なる多種類のラジエータをいかに効率よく生産するかという技術的な課題であった．これらの課題は製品設計と生産技術とがコンカレントに情報を共有化し進めていく必要があり，早速，製品設計者と生産技術者が加わった"量産化プロジェクト"が組織されたのである．

中でも多種ランダム生産の実現はこれまでのデンソーの生産技術力の集約によって完成したものと言えよう．"120 種類以上のラジエータに対応させ，しかも，その生産を 1 本のラインで実現し，従来に比べて 2 倍以上の生産効率を上げる"という高い目標を掲げて開発が進められた．具体的には，コアのインサート部に設けた穴の配列で品番を表現する識別信号の採用や，構成部品を押さえ治

具としても使う方式を取り入れたコア組立機及びタンク組立機，品番ごとに必要な"かしめ型"がスライドして出入りする設備など，新しい方式が次々と開発された．また，ライン管理コンピュータによって受注情報，在庫情報及び設備段取り条件から最適流動順序を自動的に決定して，それを機種別の組立ラインに流動指示させるといった"モノづくりソフトウェア"の開発にも力が注がれ，一貫自動化ラインが完成した．

1981年5月にSRラジエータの量産ラインは本格的な稼働を開始した．デンソーの生産技術を駆使した組立ラインは，業界をはじめ世界中の注目を集めたのである．

このようにSRラジエータの開発は，製品から製造ラインまでそれぞれの技術者が一体となってコンカレントな開発を推進したことにより実現したものと言える．これにより，新製品開発や高速自動化ラインの開発ができ，同時に職場環境を大きく変革することにも結び付いたのである．

"SRラジエータ及び生産ライン"は1981年に日本機械学会賞を受賞したが"小型・高性能ラジエータとその多品種ランダム自動生産システムの開発"という授賞理由にあるように，製品だけでなく生産システムも含めての受賞であった．

(3) Ⅲ型オルタネータ

デンソーは創業後の早い時期からオルタネータの研究を始め，1952年には，当時の通産省からオルタネータの応用研究補助金を受けて研究を行っていた．試行錯誤を重ね，10年以上にわたる研

究活動の結果，シリコンダイオードの開発によってついに実用化に成功し，1962年にI型オルタネータを世に送り出した．やがて，このI型オルタネータに代わって，1974年にII型を登場させた．脱ボッシュ技術化をねらいとして，製品設計及び製造工程において，様々な改良を加えて低コスト化を図った．製造工程においては，他社に先駆けてトランスファーラインによる量産化を実現させた．

1973年の第一次オイルショックをきっかけに省エネルギー・省資源への世界的な気運が一気に高まり，自動車の小型・軽量化が大きなテーマとなり始めた．また，当時の自動車にはカーステレオやカークーラなど電力を消耗するアクセサリ関連部品が年々増え続け，それに伴い発電能力のアップが求められるようになっていった．

そうした中でII型での能力アップへの対応にも限界が見え始め，1979年，次期型オルタネータの開発に取り組む決意を固めた．当時，技術部長であった旭をリーダとし"電機研究会"と称した次期型製品研究開発グループを編成し活動を開始した．

同グループがまず行ったことは競合品との差別化を決定的にするための開発目標の設定である．

決定した開発目標は"出力30％アップ，重量20％ダウン，許容回転数1.5倍"という，従来技術の延長線上では到底達成できないと思われるものであった．その目標値には"次期型製品として開発するからには，年々増え続けている自動車の装備充実による電気負荷の増大に対応でき，しかも向こう10年は市場で優位を確保できるものを目指す"という技術者としての並々ならぬ挑戦意欲が込められていたのである．

次期型オルタネータの開発は"あらゆる可能性に対して考えられる限りのテーマ"を設定し，そのテーマ別に複数のプロジェクトチームが同時並行して取り組むという方法で進められた．

製品化に際しては大きな三つの課題があった．

① 電気負荷の増大に対応できる発電能力の向上
② 発電効率の向上と出力増大による温度上昇を低減させる冷却効率の向上
③ 高回転化及びそれに伴う騒音の低減

これらの課題に対して磁路面積の最適化，高密度巻線技術の開発，冷却方法の見直し，高速ベアリングの開発による高回転化，ファンの小型化など，難しい技術課題を着実に"討ち取って"いった．

同時に，従来はオルタネータと別部品であったレギュレータをオルタネータに内蔵させるべく，新しく"M型ICレギュレータ"を開発した．

こうした努力が結実し，1982年に完成したⅢ型オルタネータは多くの面でⅡ型，そして他社製品を大きく凌駕する高水準を達成した．同出力のⅡ型と見比べるとサイズは一回り小さくなり，外側にファンのない形状はより美しく機能的になり，かつ，騒音も低下して安全性も向上したのである．

Ⅲ型オルタネータの開発において"電機研究会"と称したデンソー特有のコンカレント・エンジニアリングの開発体制が果たした役割は大きかった．開発のスタート時点から社内の関連部門が一つの開発目標の下で絶えず連携したプレーが展開できた．これによって，Ⅲ型オルタネータの開発は極めてスムーズに進められたのである．

Ⅲ型オルタネータのトランスファー1号ラインもこのコンカレント・エンジニアリングの成果である．このラインは3秒タクトの生産，3体格共用流動が可能であり，それを支える高精度・高速加工技術・多機種流動システムなどで製造特許を有している．1990年度には"自動車用発電機多サイズ共用高速生産システムの開発"として栄誉ある大河内記念生産賞を受賞することができた．

こうして，Ⅲ型オルタネータはシェア拡大の起爆剤となり，今日

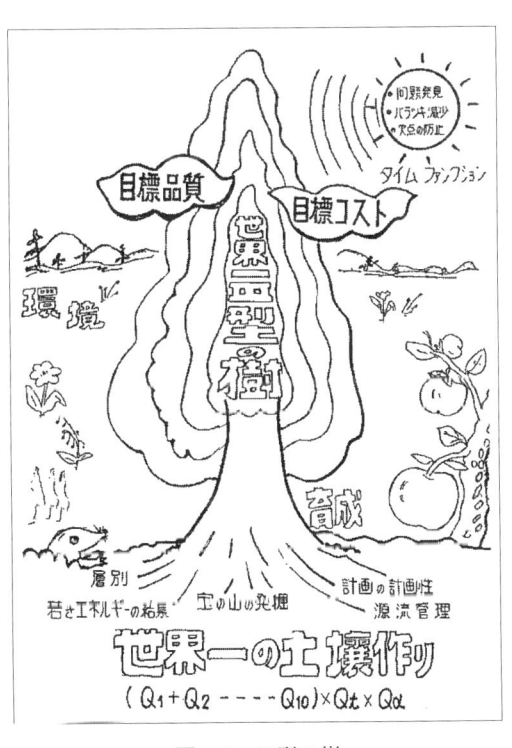

図 3.3　Ⅲ型の樹

に至るまでデンソーの収益に大きく貢献することになった．その後も継続して改良を重ね続けたことによって，国内自動車メーカーばかりでなく，米国のクライスラー社（当時），スウェーデンのボルボ社，英国のジャガー社にも採用され，オルタネータの販売台数シェアで世界一の座を獲得した．

　当時を思い出す象徴的な絵がある．"世界一製品を世界一のラインで"を共通の目標として取り組むために，コピーをとって各部署の壁に掲示した思いのこもった絵である（前ページ参照）．

大黒柱の入替えだ

　世界初の機能を持った新規製品は世間の注目を集め話題を独り占めにしてスタートし，少量生産ながらも将来の大成長の夢があふれている．

　他方，次期型新製品は現主力流動品，すなわち今日の儲け頭の製品の代替わりであり，この製品をもって多くの顧客の満足を先々まで（長期に渡って）つかみ取り，拡販・採算向上につなげていく言わば"大黒柱製品の入替え"である．決してジリ貧，負け戦は許されない．

　デンソーでは"世界一製品を世界一ラインで"を合言葉に生産設備のスクラップ・アンド・ビルドを躊躇せずに進めている．これまでのモデルの流動期間中，次なるチャンスを夢見て新しい加工法・設備・システムを提案しようとする者は現有ライン・設備を捨て去るべき十分な合理化効果のある内容を開発し，時の到来に間に合わせなければならない．

> ともかく設備投資はいつの時代にも厳しく判断されるべき
> だ．

3.4　革新的生産設備の開発

(1)　線の自動化の発展

1960年代に始まったデンソーの"線の自動化"は1970年代に入ってさらに本格化していった．フォード社向けウィンドウォッシャモータの4秒タクトラインを契機として，内製合理化ラインの高度化を進め，1973年には2秒タクトの国内向けD型ウォッシャモータラインを稼働させた．さらに1970年代後半には，製品の多様化と量変動にも対応できるライン作りを追求し，1976年には，1秒タクトで280種類をランダム流動できるメータゲージのフレキシブルオートメーションラインを稼働させていったのである．

自動車用のメータゲージは，車種や車格に応じて機能やデザインが異なり，その種類は当時150種類にも及んだ．部品も細かく，女性中心の手組付けラインで生産されていた．女性（乙女）の手は器用で素早く，下手な自動化（オートメーション）では"オトメーションに負けてしまうぞ"と発破を掛けられた．しかもそれを1本の自動化ラインで生産することに挑戦したのがこのフレキシブルオートメーションラインである．

開発にあたっては次の四つを目標として掲げて取り組んだ．

　　①　生産性の向上（5倍以上）
　　②　1ラインの高速化（1秒タクト）・段取替えの高速自動化

（1 秒）
③　生産管理の合理化
④　調整・検査の自動化（品質向上）

　まず雑然としていたメータゲージ構成部品の諸元をできるだけ標準化し，それらを選択的に組み合わせていくことでねずみ算的な多品種化を実現すべく製品構成を大変更した．これによって各構成部品を最大 4 種類に収めることで，標準化前の製品の種類を減らすことなく工程的にすっきりした製品標準化案にまとめることができた．これは製品企画を考える製品設計者と自動化を推進する生産技術者がプロジェクトを組織して行った活動の成果であった．

　さらに 1 個 1 秒の生産を可能にする多種高速組立機や生産管理のための多種流動制御装置，多品種のメータゲージを高速，かつ，自動的に調整する自動指示調整装置などを開発しライン化して，極めてフレキシビリティの高いトランスファーラインを完成させたのである．この生産ラインは 1979 年度の大河内記念生産賞を受賞することができた．

　これらの線の合理化においては，標準化や高速化によって高い生産性を達成できる．その一方で，工程でひとたび問題が起きると長時間の停止となったり大量の不良品が発生して大きな損害が発生することになる．そのリスクを解決するために，まず部品精度の向上に取り組んだ．当時"手で組付けできるものを自動で組めないのは君らの開発した機械が悪い"との意見が強く，なかなか協力を取りつけることができなかった．しかし，工程能力調査手法を徹底して活用し，各工程における品質の信頼性を徹底的に上げるとともに，

不具合発生時にはそれを自動で検出する機能を設置し，不良は後工程に流さない，流出させないラインを作り上げ，高い生産性と高い品質を両立させた．

> **必然性ある高き目標**
>
> 　入社配属後間もなく，我々に各事業分野の中心製品の次期型製品開発とともに生産合理化構想立案の任務が課せられた．こんな若手に大型の計画を託すことは乱暴と思えることだが，今となれば当時の上司の英断，寛大さに大いに敬服している．
>
> 　当然のことながら我々は"若き志士"として燃えに燃え，しっかりと期待に応えるべく懸命に考え行動した．ある程度は応え得たかなと自己評価している．
>
> 　これらの計画立案時"我々の挑戦すべき目標設定はいかにあるべきか"を悩み，仲間と激論したことを覚えている．
>
> 　ひたすら高き目標は一見格好いい．しかしこれらがうまくいかないときは絵に描いた餅，見果てぬ夢となり，結果として高き目標ゆえの甘えの姿勢と強く批判され，プロジェクトに協力してくれた仲間も同じ憂き目に合うことになる．逆に必達を約束するがゆえに実現可能な目標値を設定しようとするとき，何たる保身の姿かと自己批判に陥る．こんな相反する事象の間で当時は仲間とよく悩み議論し合ったものである．
>
> 　そうした中，上司の一言は"必然性ある高き目標に挑戦しろ"であった．"実現可能な最大値"とは言っていない．"必然性ある目標値"である．一瞬なるほどと思ったが次の瞬間"何

と，言うは易く，さりとてやる側には何と頭の整理のつきにくい言葉か"と痛感したことを覚えている．上司は値を指示してはいない．値の意義を表現している．どっしりとした価値ある目標値，自他ともに褒められるべき目標値を設定しろと言っている．なるほど，そうでなくては大勢の仲間を燃えさせ，限界打破の挑戦はできにくい．

　これは私の若き日々に得た貴重な一言である．

(2) 面の自動化の開始

　トランスファーラインの成功で"線の自動化"を実現したデンソーは次の段階の自動化を進めた．個々のラインを集合した製品単位の合理化，すなわち"面の自動化"である．その先端と言われたのが1980年に完成したA1リレー製造ラインであった．

　従来の小型リレーは電流容量や取付け場所の違いから114種類もの製品があり，多くの組立工程，調整工程が必要であった．それを改善するために，まずは製品の徹底的な合理化を行った．特に，磁気回路の最適設計と高精度化によって重量・大きさを従来品の約2分の1にし，標準化により種類も8種類に絞り込んだうえで，生産システムの構築にあたって部品加工工程をサブラインとして組み込み，同期直結化した"面で合理化"されたトランスファーラインを完成させた．

　そのトランスファーラインは素材のプレス加工から組立て，そして検査までが一貫連続したラインである．あらかじめ8種類のA1リレーの生産量がセットされた流動制御に基づいて段取り替え時間

0秒で自動段取りができ，極限設計された部品を最適に組み立てる適応制御を含めて0.9秒という高速自動化を実現している．そして，完成品のランニング検査も含めて製品品質を工程内で保証しているというものである．

このような特徴を実現させるために，ターミナルの打抜き・曲げ・かしめ・切断の工程を複合化することによって，独立した工程では実現しえないタクトタイムを実現し，さらには従来多くの作業者が多大な工数をかけて調整していたエアギャップ調整の全自動化を可能にする精密圧入方式を開発するなど，多くの工夫を織り込んだのである．

この後も"面の自動化"を精力的に進め，1981年に日本機械学会賞を受賞したSRラジエータ生産ライン，続いて1982年にはⅢ型オルタネータ生産ライン，さらには1983年のICレギュレータ高速一貫生産ライン，1990年のブースタ合理化ライン，1997年の量変動対応スタータ組付けラインと次々に稼働させていった．

前述のⅢ型オルタネータに続いて，ブースタ合理化ラインや量変動対応スタータ組付けラインも，それぞれ1995年度精密工学会技術賞，1997年度精密工学会賞を受賞している．

面の合理化により工程の直結度が上がると，生産システム全体における最適な品質保証方法を確立することが格段に複雑になった．その対応として，QAネットワーク*手法を取り入れることに

---

* 製造工程の品質保証を確実にするため，発生しうる不具合項目と一連の工程を縦横に列挙したマトリックス表を作り，それぞれの不具合に対してどの工程でどのような発生防止，流出防止の手段をとっているのかを記述し，保証レベルを評価・改善する．

より，抜けなく重複なく確実な品質を保証できる仕組みをつくり上げていった．また，モノの流れは分岐合流を極力抑え一本の流れにこだわることにより，先入れ先出しが遵守でき一つのゲートで全数安定して品質が確認できる状態にこだわり高品質を維持させることによって，低コストとの両立を図った．

(3) 立体の自動化の展開

点から線，線から面へと自動化してきたデンソーは再び次の進化を模索した．それが"立体の自動化"，すなわち工場単位の合理化を目指す UTOPIA（Useful Total Organized Plant Integrated system for Action："ユートピア"）である．

1982年，電算部（情報企画部門）と池田工場のラジエータ製造部によるプロジェクトチームが結成されて UTOPIA 計画は開始された．"工場全体をどんな状況に対しても対応可能なものにする，いわゆる工場自体に自律機能を持たせる"ことを目的としたもので，それまでの物の流れの合理化と自動化ではなく，物と情報の流れを同期化し，材料から製品までの間のロスを最小限にして工場全体を合理化，CIM（Computer Integrated Manufacturing：コンピュータ統合生産）化しようというものだった．

まずは現状を正しく把握して可能な限りの"ムダ"を発見することから作業はスタートした．"時間のムダ""工数のムダ""在庫のムダ""材料のムダ"などが徹底して洗い出され見直された．あわせて膨大な情報を処理するための情報システムの構築にも取り組んだ．

3.4 革新的生産設備の開発

理想の工場

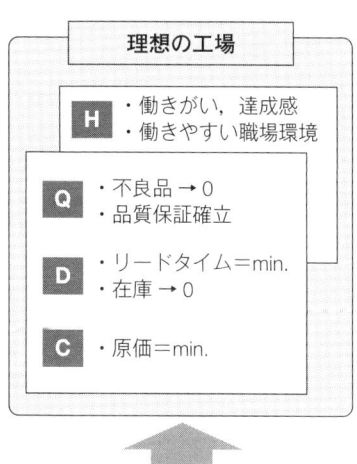

- **H**
  - 働きがい，達成感
  - 働きやすい職場環境
- **Q**
  - 不良品 → 0
  - 品質保証確立
- **D**
  - リードタイム＝min.
  - 在庫 → 0
- **C**
  - 原価＝min.

理想の工場への接近

FA（UTOPIA）

従来合理化	情報の活用	FA
・物の流れ中心 ・少種多量 ・ハード指向 ・直接作業 …	・情報のスピードアップ ・情報の一元化 ・自立化 ・設備インテリジェンス化 …	・物と情報の流れを同期して把握し，常に理想状態(HQDC)に維持前進できる自律機能のある総合生産システム

●物と情報を一元化した生産システム（ハード及びソフト）の統合的な合理化

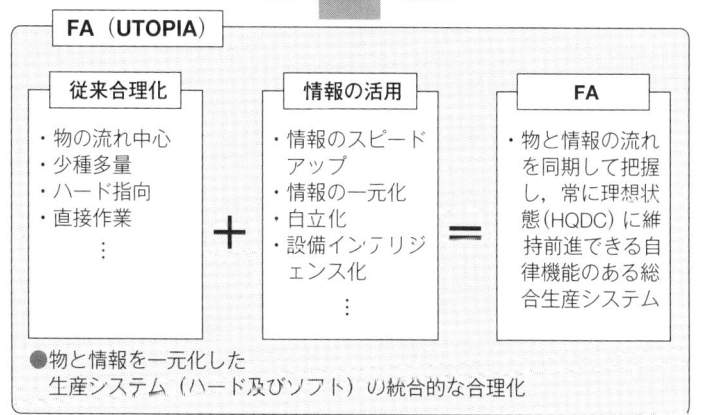

図 3.4　池田工場 UTOPIA の概念

このUTOPIAではもう一つ忘れてならない特徴として品質・コスト・納期（QCD：Quality, Cost, Delivery）という生産の基本要素にH（Human）という要素が加えられたことである．特に，かつてのラジエータ製造現場ではゴム前掛けに長靴姿が見られ，水に濡れる作業工程も少なくはなかった．このような職場環境を地道に改善してきた経緯もUTOPIA開発の背景となったのである．"理想の工場は人間のためのもの"がUTOPIA開発に際しての一貫したスローガンであったのはそうした思いが込められていたからであった．

1984年，池田工場はUTOPIAとして稼働を開始した．大幅な在庫の低減，生産リードタイムの短縮，変化に対する柔軟性の向上が実現した．中でもラジエータの完成品在庫が大幅に減り，倉庫費用が大幅に減少したのはUTOPIAの成果を端的に示すものであった．

この成功の後，UTOPIA推進分科会を設置して各工場に導入を進めた．1989年にはCIM化の一層の推進を図るためにCIM推進室を設置し，各製造部の特徴・ニーズに即したUTOPIAの実現を進め，1995年には全製造部で稼働を開始することができた．

現在では部品の受入れから製品出荷までが物と情報を一元化した情報システム，高度に自動化された物流システム，フレキシブル生産システムライン，ジャスト・イン・タイム思想に基づく生産の仕組みが統合化され，工場全体の統合的な合理化が一般化し，大幅なリードタイム短縮，大幅な生産性向上，在庫低減につながっている．

3.5 みんなでやるTQC運動

(1) 100％良品を作ろう運動

デンソーにとって"品質"は最重要テーマであり、創業当初から品質管理に重点を置いた経営の考え方や品質第一主義の精神に立った品質保証制度・QC活動に力を注いできた．そうした品質保証への取組みがあらゆる面で飛躍を遂げ"品質のデンソー"が定着する最大の契機となったのがデミング賞への挑戦・受賞であったことはすでに述べた．

こうした歴史を持つデンソーの品質保証活動は1970年代に新しい局面に入った．経済が高度成長しモータリゼーションが進展する中で、製品の多様化、システム化に加え、品質に対する市場の要求は厳格化し、リコール制度・PL（製造物責任）問題など、メーカーの製品責任も強く要求されるようになった．こうした環境に対応して品質を一段と高めるために、品質第一主義を一層揺るぎないものにする必要が出てきた．そこで"たとえ1万分の1の不良であっても、その1個に当たったお客様にとっては不良率が100％である"という考え方に立ち、"100％良品を作ろう"のスローガンを掲げて新たな品質向上運動の開始を宣言した．この"100％良品を作ろう運動"は第1次（1974～1976年）、第2次（1977～1979年）、第3次（1980～1982年）と9年間にわたって展開された．

第1次運動（1974～1976年）では、まず"100％良品思想"を徹底し、不良の絶対件数の低減、特に重要な品質問題は絶無とすることを基本とした．この100％良品思想を社内外に浸透させるため

に，1976 年から品質強調月間を設けるなど，意識の高揚に努めるとともに，同年 1 月にはトップ自ら品質改善と再発防止対策の指導・フォローを行い，クレームの低減・重要品質問題の解決を促進させるために"監査改良会議"を設置した．さらに，同年 12 月には仕入先も含めた第 1 回"デンソー品質管理大会"を開催し，思想の徹底を図った．

第 2 次運動（1977～1979 年）では，第 1 次運動の成果と問題点を踏まえ，製品寿命延長の要求が高まってきたことに対応して，信頼性確保に運動の重点を置いた．すなわち，信頼性試験に重点を置き徹底した信頼性向上活動と日常の品質保証活動，特に初期故障の除去を重点に活動を推進することにした．

これまでの第 1 次，第 2 次運動の展開によって全社的な品質管理の基礎はほぼできあがった．しかし，市場が要求するレベルはさらに高くなっており，また国際競争の激化に対して新製品・新技術の開発で対応していくためには源流にさかのぼって高信頼性製品の実現を期することが必要であった．

そこで**第 3 次運動**では，仕入れ先を含めたオールデンソーとしての総合管理水準を向上させることが最終仕上げの目標とされた．まず 1980 年 1 月，第 3 次運動の開始と同時に品質の総点検を実施した．これは生産の急増に伴う新人の増加や設備負荷の増加などによる，管理の問題から発生が懸念される問題点を事前に摘み取ろうとするものであった．次いで 1981 年 1 月に，QRE（Quality Residence Engineer）活動を開始した．QRE 活動とは，自動車メーカーの量産試作時にデンソーの品質保証部門や技術部門の担当

者を常駐させ，自らデンソー製品の品質確認と問題発生時の処置を行うことにより，対応の迅速化を図った活動である．あわせて"初期流動管理のあり方"について再検討し，絶対に初期不良を出さない体制を確立することを目指した．これは新型車への部品の装着時の品質管理を徹底させようとする活動であった．トヨタのソアラに始まったQRE活動はその後，全トヨタ車に対象を広げ，さらに他社の装着部品にも拡大していった．

このほか，設計においてはパラメータ設計，設計FMEA・FTA，DRの強化を図り，試験評価においては本社の試験設備を集結した実験棟を設置し，特に自動車が丸ごと入る車両環境試験の充実を図った．

このようにして"100％良品を作ろう運動"を3年間を区切りとして9年間にわたって推進してきた結果，市場クレーム率は約3分の1，納入不良返却個数は約20分の1に削減するなど，品質指標を大幅に改善することができた．さらに，信頼性試験や寒冷地（北海道）における品質確認，源流管理による不具合の予防活動など，品質保証の仕組みを充実させるとともに，社員一人ひとりに，たとえ1個の不良にもとことんこだわるという品質意識が醸成されたのである．

(2) 世界のデンソー，みんなでやるTQC

1980年代に入ると，世界経済は1973年と1979年の2度にわたるオイルショックによって低迷し，先進諸国は財政赤字を抱え，失業者の増加とインフレの昂進に悩まされていた．またオイルショッ

クは各国のエネルギー政策にも変化をもたらし，米国では自動車の燃費向上を要求する法律が次々と制定された．一方，産油国による石油価格の管理はガソリンの供給不足とそれによる価格の高騰をもたらし，その結果，自動車についても燃費のよさが購入にあたっての消費者の重要な選択基準の一つとなった．小型車戦争が勃発し，日本車のライバルとしてネオン，サターンが登場した．

このような経営環境の中，時代の変化に対応し国際市場において強い競争力を持った新製品の実現と低成長下においても事業成長を達成できる企業体質の確立が課題となった．

1983年からデンソーが始めた"世界のデンソー，みんなでやるTQC"運動は広く世界のニーズに適合し，品質・コスト・納期（QCD）の総合においてライバルを超え，世界一の評価が得られる製品の実現を目指し，29製品を対象として登録して推進した．その推進のために目標寿命分科会による世界をリードする目標品質の設定がなされた．

また，デンソーの課題を明確にし，役員・部長が率先してTQC活動に取り組んでいくために浜名湖研修所で1泊2日の合同研修を実施した．そこでは売上高1兆円達成に向けての課題とその対応策について夜遅くまで議論が交わされた．

製造工程においては1986年から"工程内不良ゼロ，納入不良ゼロへの挑戦"を掲げて工程内不良の撲滅，不良品流出防止を徹底する活動を推進した．さらに仕入れ先を含めたQAネットワークづくり，仕入れ先のQA点検などの活動により，デンソーグループとしての品質保証体制の充実を図った．こうした活動の成果として，

3.5 みんなでやる TQC 運動　　　105

写真 3.2 役員・部長の合同研修の様子

1988 年には，11 製品が世界一シェアを達成するとともに売上高 1 兆円を達成することができた．

(3) ビッグスリーからの視察依頼

2 度のオイルショック以降，日本の小型車は高信頼性，低燃費，車両の仕上がりのよさによって，米国市場でのシェアを拡大し，ビッグスリーの脅威となっていた．こうした背景の下で，1980 年に "If Japan can, why can't we?" という米国 NBC のテレビ番組の中で日本の品質管理が紹介された．この番組放送後，フォード社をはじめ，クライスラー社，GM 社からデンソーの TQC 活動を視察したいとの依頼が相次いだ．こうした依頼はビッグスリーにとどまらず，欧州のボルボ社，BMW 社，フィアット社，ロールスロイス社などの自動車メーカー，さらには GE 社，ボーイング社，AT＆T 社，フロリダ電力社など多くの企業から TQC 活動の視察訪問を受けた．振り返ってみると，長らく欧米企業の背中を見て"追いつけ追い越せ"とがんばってきたことがいよいよ現実となってきたこと

を肌で感じるできごとであった．

　デンソーはこのように経営の重要な節目で"100％良品""世界一製品"という旗印を掲げて全員参加のTQC活動に取り組むことにより，品質向上や製品競争力の強化を図ってきた．この1970〜1980年代は日本のTQCの全盛期であり，デンソーに限らず多くの会社でZD（ゼロディフェクト）などの活動が推進され"Made in Japan"のモノづくり，TQCを基本にした日本的経営が世界に認められた時期である．欧米企業は日本のTQCを学び，様々な仕組みや手法を積極的に取り入れた．しかし，最も真似をすることが難しかったのは活動の原動力となった社員一人ひとりの"やりきる""がんばる""みんなでやる"という価値観・風土ではないだろうか．

　日常の仕事の中で"これくらいでいいだろう""しょうがない"という妥協やあきらめを廃して常に最善を目指して総智・総力を結集して"やりきる"ということ，この徹底度合いの差が紙一重の勝負を分ける．こうした価値観・風土というものを時代や環境が変わっても確実に伝承していくことが大切である．

そこでピタっと足が止まる

　1980年代に米国の経済が苦境に追い込まれ，経済発展が著しい日本が注目されたころの話である．デンソーにも米国のGE社の副社長であるガウス博士，以下5人の役員が視察に来た．視察は当時社長の白井の判断でカーヒータ工場で行われることになり，あらかじめ案内ルートを決め，数か所の説明のた

めの展示箇所を準備して迎えた．博士は最初のうちはこちらの説明を聞いていたが，途中からは自分勝手にどんどん工程内に入り込んで，スーツが汚れるのも気にせず，作業の様子や機械の下をのぞき込むようになってしまった．白井はその様子に"好きなようにしてもらえ"と言って笑って見ていたという．

ところが，ある箇所でピタッと足が止まって動かなくなってしまった．

それは"ホットコーナー"と呼んでいた作業者の休憩所であった．そこには少し前に配属された新入社員の顔写真と自己紹介が中央に貼られ，その周りに職場の先輩諸氏の激励の言葉がいっぱいに書かれたビラが掲げられていた．その横にはQCサークル活動の記録表や慰安旅行の計画，落書きが多数ある宿泊先の旅館のパンフレットが貼られていた．

ガウス博士はその一枚一枚について"何と書いてあるのか？""どういうことだ？"などと次から次へと質問し，最後に"すまんが，ここだけは写真を撮らせてくれないか！"と言った．承諾すると一生懸命に写真を撮っていた．

そのときのシャッターを切る博士の真剣な眼差しに"米国は正にこれに困っているのだ"ということを感じ取ることができた．

3.6 人材育成の進化と深化

デンソーの技能者育成については，ボッシュ社との技術提携を果たした翌年の 1954 年にボッシュ社に学んだ技能者養成所の設立から始まる．以降，継続して注力してきたことはすでに述べた．この技能者育成と同様に，技術者育成にも積極的に力を入れてきたのである．

技能者養成所を設立した 1954 年から，それぞれの技術部門では様々な技術者教育を自発的に行うようになっていた．

1967 年には，これらの教育を固有技術講座として集約・一貫化し，本社の敷地内に建設した教育センターで行うようにした．このころ，人事部内に教育課が設けられ，社員教育，とりわけ技術者教育を系統的に実施するようになった．その後，1983 年には教育専門組織として技術研修センターを発足させ，技術者教育をさらに計画的に推進できるようにした．これによって，若手技術者は年間 5 〜 10 講座の専門教育を自由に選択して定時間内に受講できるようになった．

1986 年には，それまで使用してきた教育センターが手狭になったことや本社内に建屋があると自部門からの緊急呼び出しで受講生が呼び出されてしまって勉強に集中できないといった問題を解決するために，本社のある刈谷市から 5km ほど離れた大府市に，独立した技術研修所を開設した．受講生は技術研修所までバスで移動して一日中缶詰めの状態になるのだが，食堂や図書室，談話室のある快適な空間で知識習得に専念できるようになったのである．

3.6 人材育成の進化と深化

　これらの Off-JT 教育とは別に，技術者育成において大きな役割を果たしているのが，1954 年から始めた技術研究発表会である．これは約 60 年経った現在も技術研究討論会と名を変えて継続している．

　技術研究討論会は若手技術者の登竜門のような場である．発表資料に上司や先輩が手を加えるのはどこの会社も同じであろうが，若手技術者はこのような機会を通じて，わかりやすいストーリーの組立て方，わかりやすいプレゼンテーションの方法を会得していくのである．この貴重なプロセスを経て出場する技術研究討論会は若手技術者の成長に欠かせない大切な場になっている．1954 年の開始当時は 1 回の開催あたり 5 件程度だったが，現在では 9 分野，合計 270 件にのぼる発表（討論）を春と秋に行っている．

　1999 年，技術研修センターは 1981 年に先行して設立されていた技能教育センターと合体して人事部から独立し，技術・技能研修部となった．さらに 2001 年には株式会社デンソー技研センターとして分社独立した．実はその前年，機能部の徹底したスリム化に取り組んでいた．"カンカンガクガク"の議論を経て人材育成の取組みについては，やはり"モノづくりは人づくり"という創業の精神を守って縮小することなく継続していこうと決断したのである．その結論が株式会社デンソー技研センターの分社独立であった．

　その後もさらに技術者教育の充実に力を入れていった．例えば，2003 年には，1985 年ころより実施していた"核人材"づくりを目指した少人数制の"基礎工学研修"を"ハイタレント研修"と改称して大幅に研修内容を充実させた．具体的には近隣大学の准教授・

助教クラスの若手の先生による熱のこもった講義，グループ討議，これに現地・現物・実習を組み合わせた"Problem Based Learning"を構築したのである．ハイタレント研修の教育期間は平均して1年である．受講生はほぼ毎週1日職場を離れ"商品開発"や"自動車人間工学"といった専門能力に磨きをかけている．現在では毎年11講座が開講されている．

近年は業務の多様化・細分化が進み，技術者一人ひとりに求められる素養も多様化している．これまではマスプロダクションの集合教育に出席させられ"どんぶり"で必要でもない知識を延々と詰め込まれてきた．今後は若手技術者が将来を見据えて自分はどんな知識を習得すればよいのか，あるいは会社は自分に何を求めているのかを明確にして個人ごとに対応する必要が出てきた．これに応える仕組みが2004年から運用開始した技術教育支援システム（通称"教育ナビ"）である．上司と面談のうえ成長プランを個人ごとにきめ細かくプログラムできるように設計してある．技術者が自分に最適な教育プログラムを自分で組んで研修を受講しているのである．利用率は当初，若手技術者の4割程度であったが，現在では8割にのぼるまでになった．

現在，デンソーでは技術者向け教育として12分野，127講座を開講し，年間延べ11 500人が受講している．"米百俵"の故事に知られるように，人材育成は経営資源のもっとも息の長い取組みであって一時期苦しくても手を抜くべきではないと考えている．

すばらしい先輩・すばらしい上司

どうやって部下を，あるいは人材を育てるか．教育体系や座学も重要だがOJTも重要だ．

先輩のOさんは会議で多くの人に意見を出させるのがうまかった．課題に対して360度の視野を超えて，勢い余って400度の視野かと思える視点から"こういう考えもないのか！"とメンバーの心に火を付けて回っていた．

Kさんという先輩は議論が活発になると黙して語らなくなる．あたかも天井から皆の議論ぶりを見ている．そして最後に"君らこんな視点が抜けていないかい"と差し向ける．そしてまた活発な議論となる．

先輩のNさんは"必然性ある高き目標を目指せ！"と言って我々を困らせた．

このようなすばらしい先輩の姿は私にとってはとてもよい教育であったと思う．

人々はすばらしいものに出会って刺激を受け発奮する．全身全霊で取り組む人の姿，心揺さぶられる講話，美しい芸術，そして雄大な自然もしかりである．我々はその出会いを求めて時間を惜しまない．部下は上司を選べない．天（会社）から与えられたものだ．すばらしい先輩やすばらしい上司との出会いは実に人生の宝である．

第4章 ボーダレス・グローバル時代に立ち向かう

　東西冷戦時代を越えて，世界の交流は自由となりボーダレス，そしてグローバルな時代に移った．日本は貿易摩擦を抱え，バブル経済の崩壊を経て，すでに始まりつつあった海外生産移転はより加速され，円高による日本の空洞化もさらに進行した．このような状況下で利益追求型の経営やグローバルな競争が本格化していった．

　自動車やその部品に関しては初期品質，耐久品質の競争となり人々の関心を集めた．

　苦しいときに本性が表れて真の実力が試される．環境重視の経営，CSR 経営，コンプライアンスが喧伝された．日本社会の品質意識は一層向上し，その厳しさが日本製品の品質向上を加速させた時代と言える．

4.1　グローバル生産への挑戦

　1963 年のフォード社へのオルタネータ納入を皮切りに始まったデンソーの北米市場への進出は日本車メーカーの輸出車をねらった市販活動を中心に販売ルートをまず拡大し，一方ではビッグスリーをはじめ，農業・建設用機械メーカーなどへ拡販活動も展開した．1968 年のフォード社からのウィンドウォッシャモータの大量受注

は大きな足掛かりとなった．

　1970 年代はオイルショックと排出ガス規制を追い風として強い日本車を支える自動車部品メーカーとしての地位を確立し，北米自動車メーカー向けの輸出も順調に増加していった．

　しかし，1980 年代後半に入ると円高によって輸出環境は一変した．貿易摩擦を契機とした乗用車輸出自主規制をかわすため日本車メーカーの北米での現地生産が急激に拡大していったのである．

　ビッグスリーのニーズも変化した．オイルショック後の小型車開発競争で遅れをとったビッグスリーは日本車メーカーとの提携による技術導入やコストダウンをねらった部品外注化を進めた．その結果，デンソーの完成品輸出売上げが急速に増加したため，為替リスク回避のために現地での生産の必要性が増していったのである．

　こうした状況に対応すべくデンソーは，1984 年，すでに用地を取得し物流センターとして活用していたミシガン州バトルクリークに本格的な生産工場を建設することを決めたのである．

　当時，ロサンゼルスの販売会社に駐在していた大岩のところに社長の戸田が訪れた．もうそろそろ日本帰任の命が下されるかと期待していた大岩に告げられた言葉は意に反して"北米生産工場建設の指揮を取れ"であった．大岩はこれまでの北米駐在経験のすべてをかけその任に当たった．

　同年 12 月に"バトルクリークプロジェクト準備室"が本社に設置され，急ピッチで操業準備を進め，1986 年 6 月，ラジエータ，カーヒータ，コンデンサ，エバポレータなどの熱交換器部品を生産するニッポンデンソー・マニュファクチュアリング・U.S.A.（現

DMMI）として操業を開始したのである．

バトルクリーク市は自動車の街デトロイトから車で2時間ほど西方の地にあり，コーンフレークで有名なケロッグ社の本拠地でもある．幸いにも地域からは好感をもって迎えられ，従業員を募集したところ募集人員400人に対して8000人以上，20倍を超える応募があった．

労使相互信頼と全員参加で

カンパニーミッションとして"ニッポンデンソー・マニュファクチュアリング・U.S.A.は会社，従業員，株主，地域に対して継続的な発展と繁栄を約束するため，世界のトップレベルの熱交換システムとサービスを開発，生産し提供できる国際企業を目指す"を掲げた．そして，経営の基本的な考え方として，一つはデンソーと同様，長期経営方針に基づいて会社と従業員の相互信頼と繁栄を実現していくこと，そして一つは部品・材料の現地調達など，ヒト，モノ，カネ，そして経営の現地化を進め，米国の会社，すなわち"An American Company"として認められるようになることを目指して経営が進められた．

会社方針には，

① Customers are our first priority.（顧客第一）

② Associates are the most important assets.（従業員尊重）

③ To be a good community citizen.（よき企業市民）

を掲げ，特に従業員は当時から"associates"（仲間）と呼び，労使の相互信頼のもとで会社経営を進めていくことを強調している．

DMMI における会社運営はデンソーにおける最初の本格的生産会社の運営であり，日本と米国の考え方ややり方をうまく融合させた経営システムとすべく，いろいろな工夫を凝らした取組みが展開された．稼働開始間もない 1988 年から社長を務めた太田の手記から，その取組みのいくつかを紹介する．

　"日本人管理者と米国人管理者が**一体となって経営に当たる**ことができるように行ったものの一つに管理者以上の者の 2 泊 3 日の合宿研修がある．会社の重要課題について本音で意見交換し，理解を深めコンセンサスを得てその結果を方針に反映するというものである．日常会議においても日本人だけのものは厳禁し，重要事項の決定はすべて米国人とともに納得のうえで決定するようにした"

　"DMMI の経営管理の指標については，デンソーとほぼ同様の指標と管理で PDCA を回すようにし'デンソーは最大のライバルであり最良の友である．ベンチマークとして目標にし，互いに競争して強くなっていこう'と常に従業員に呼び掛けた"

　"Customers are our first priority．顧客第一を実践すべく，新製品（デンソーで設計したものを製造する）の立上げに当たっては現地で量産開始前の品質保証会議を開催し，現地社長が出荷可否の決定を行うようにした"

　"また，社内で発生した不具合については，1 件 1 件を徹底的に原因究明し，再発防止を図る'不具合対策会議'において，トップ自らが一緒になって考え対策を進めた．この活動によって品質第一主義と解析・対策のあり方を従業員に植え付けていった．5 Ｗ 1 Ｈ や'横ニラミ'といったデンソー用語も定着していった"

不具合対応においては『インダストリウィーク』誌に米国人の生産担当副社長が次のようなエピソードを語ったことが紹介されている．

"ニュージャージーのディーラーからコンデンサの不具合があるという情報が入った．その対応として社長は事務的にディーラーに補償費用を払うという対応ではなく，ミスした従業員とそのライン責任者をニュージャージーに派遣して修正させることを提案した．米国流からすれば多額の経費を使った出張は"ムダ"と考えるのであるが，小さな問題にも飛行機まで使って迅速に処置したということが，結果的に顧客からもディーラーからも喜ばれ名誉を挽回することができたことに加え，従業員にも会社が品質を真剣にとらえていることを理解させることができた"

QCサークル活動の導入については当初，日本人スタッフはある程度サークルリーダーの教育を実施してから進めようと考えていたが，日本の研修に派遣したチームリーダーたちが，デンソーではこんなよい活動をやっている，自分たちも是非進めたいという声が先に上がり，強制ではなく現地の**米国人の自主性**によって理想的な形で導入することができた．

このような取組みの中で，生産規模の急成長とともに品質，生産性，安全といった指標も着実に向上し，従業員のモラルも高く，米国人経営者とともに自信が持てる会社に成長させることができた．

1991年度には『インダストリウィーク』誌の選ぶ全米優良生産工場のトップ10の一つに，GMキャデラック社やジョンソン・アンド・ジョンソン社といった米国企業に伍して選出されている．

このニッポンデンソー・マニュファクチュアリング・U.S.A. を皮切りに本格的な現地生産会社を次々に設立していったのである．

> **10年経った海外拠点の実力**
>
> 　デンソーにとって初めての北米での本格的生産拠点（現DMMI）は，私が社長として赴任したころ（1995年）は操業開始から約10年が経過していた．
>
> 　この間，日系自動車メーカーの北米での生産増を受け，当該拠点も10年間一直線に大きな問題にも遭遇せず順調に成長し，現地の管理・監督者も自信を持って日々操業していた．
>
> 　ところが，私の着任から2年が過ぎたころ，ある日を境に品質不具合や納入上の不具合が急に多発し，納入先から大変なお叱りを受けてしまった．10年余経ってのこれまでの自信は何だったのか！　皆心打ち砕かれ反省した．そして原因分析に没頭した．
>
> 　その新製品は北米が設計変更権限を認められ，部分改良設計・試作検討を自らの手で行ったものであった．品質の不具合は事前の量産上の問題発見が不十分であったと帰結された．考えてみればこれまでの10年余は日本で日本側が新製品の問題をつぶし，指導を兼ねて現地作業員を日本に招き，一緒に数か月間，生産ラインをテスト流動・安定化させてから北米生産移管するということの連続であった．
>
> 　改めてDMMIとして全管理・監督者が"一人前の実力とは！"を再認識し品質向上計画を再立案し再スタートした．

4.2　世界一製品作りと TQM 運動

(1)　TQC から TQM へ

1990 年代に入ると，バブル経済崩壊後の深刻な不況や急激な円高は日本経済全体に多大な打撃を与え，デンソーも目標を大幅に下回るかつてない厳しい事態に直面した．

このような状況の下，デンソーは"今回の不況は一過性でなく日本経済の構造的なものであり，従来と同じ考え方では直面する経営上の諸問題の解決は極めて困難である"との認識の下，"これまでの企業体質をあらゆる方向から変革することによって環境変化に対処しなければデンソーの明日は期待できない"と判断し，1994 年 1 月に"構造変化対応要綱"を策定した．この要綱は 1996 年までの 3 年間に期間を限定し，その期間内でどのような環境変化にも耐えられる強靭な企業体質への変革を目指した．その基本的な考え方は経営維持に不可欠な事業成長の確保と製品競争力の強化により，円高をはじめとする環境変化に迅速に対応できる，グローバルでスリムな企業体質への変革を実現することであった．

このころ，日本の企業における TQC 活動は製品の品質向上に大きく貢献し，海外にもその考え方が広く紹介され活用されるようになった．それとともに，この活動の呼称は"TQC"から"TQM"へと変更され，その活動範囲がさらに拡大されるようになった．

1994 年 5 月に，当時総合企画部担当役員の岡部が第 23 回品質管理海外調査団の一員として，米国の品質管理関係者が集まる ASQC（American Society for Quality Control：米国品質管理協会）の年

次大会に出席するとともに，米国のTQM優良企業数社を視察した．その中で米国企業が"マルコム・ボルドリッジ国家品質賞"（Malcolm Baldrige National Quality Award：MB賞）をはじめ，TQM活動によってよみがえっている実態とどの企業においてもTQMをマネジメントの一環として経営管理部門が推進している状況を見聞した．これを契機としてデンソーではバブル経済崩壊後の経営の再構築をねらいとした"構造変化対応要綱"の実現を図る全社運動としてTQM活動の推進を決意した．

1995年度の会社方針では構造変化対応要綱を達成するための施策として"TQM活動の積極的な推進"を定め，TQM活動の一環として"世界一競争力ある製品を作ろう"運動を推進することとした．同年11月に開催された"TQM大会"（従来の"品質管理大会"を改称）で"TQM運動　世界一競争力ある製品を作ろうの推進"のスローガンとともに全社にその趣旨を徹底した．

(2) 世界一製品作り

その方策の柱となったのは，従来からの基本品質のつくり込みと原価改善活動の継続的な推進に加えて，自動車関連事業分野における"世界一競争力ある製品作り"のプロジェクト活動と新事業分野における"マーケティング推進による新しい市場創造"のプロジェクト活動である．

"世界一競争力ある製品作りプロジェクト"の一つであるオルタネータは以前より世界トップシェアを維持してきた．旧型のIII型オルタネータはデンソーのコア技術の一つである巻線技術を駆使し

た，デンソーの事業成長を支えた主力製品の一つであった．

しかし，自動車の安全性や快適性の向上，IT 化をはじめとする高機能化によって自動車の電力負荷はさらに増大し，次期型ではさらなる高出力化・高効率化が求められた．

同プロジェクトではこの課題を克服するため，巻線技術にさらに磨きをかけて，ステータコイルに丸型の銅線を使用していたのに対して角型の銅線を隙間なく整列させて高密度化を実現し，発電効率の大幅な向上と小型軽量化を実現した．この SC（セグメントコンダクタ）オルタネータは 1999 年 12 月の生産開始以来，12 年 6 か月で累計生産台数 1 億台を達成し，現在なお高い競争力を維持し続けている．

また，別のプロジェクトである，精密加工技術と制御技術が融合した"コモンレール"というディーゼルエンジンの燃料噴射システムについても触れておきたい．

ガソリンエンジンでは燃料と空気の混合気をシリンダ内で圧縮した後，スパークプラグで電気的に点火し爆発力を得る．

一方，ディーゼルエンジンではシリンダ内で空気を圧縮して高温になったところに燃料を噴射し自己発火させることで爆発力を得る．そのため，燃料を高圧にしてシリンダ内に送り込む必要がある．また，出力は燃料の噴射量で決まるために正確に送り込む必要がある．高圧・正確という要求を満たすために，従来は列型ポンプ等の方式で燃料を送り込んでいた．この方式では燃料を容易に高圧で送り込むことはできるが，その精度は十分とは言えない．折しも排出ガス規制が厳しくなり，社内ではその対応が迫られていた．

また，エンジンの回転数や外気温などに応じて噴射量を精緻にコントロールしたいというお客様のニーズをつかんでいた．そこで，ディーゼルエンジンにおいても電子制御インジェクタの採用を検討することになった．

コモンレールとは，あらかじめサプライポンプで高圧に加圧された燃料を電子制御されるインジェクタの近くで所定の圧力で蓄えておく"蓄圧室"のことである．デンソーは1986年にコモンレール方式の電子制御燃料噴射の開発に着手していた．

しかし，高圧であるために燃料漏れをどうしたら防ぐことができるのか，長い筒状のコモンレールを作るために必要な，高圧に耐える超硬鋼材をドリルでどのように削るのか，インジェクタを詰まらせてしまう切粉（切削時に出る微小金属片）の処理をどうするか，多大な応力が集中する交差穴（各インジェクタに燃料を分配する穴）の面取りをどうするかなど，難題が山積していた．しかし，ここでも次期型研の活動が精力的に行われ，これらの難題を次々に克服していった．

こうして開発着手から10年を経て，デンソーは電子制御式コモンレール燃料噴射システムの量産化に世界で初めて成功した．この先駆け的な製品は1995年以降，数社のバス及び中大型トラックに採用され，排出ガス規制を見事にクリアしていった．そして，現在ではデンソーの重要な主力製品の一つとなっている．

かつてディーゼルエンジンは黒煙や騒音，振動，出足の悪さなどで嫌われ者の存在であったが，今やガソリンエンジンに劣らぬ性能となり，燃料の安さもあって乗用車にも普及してきた．様変わりし

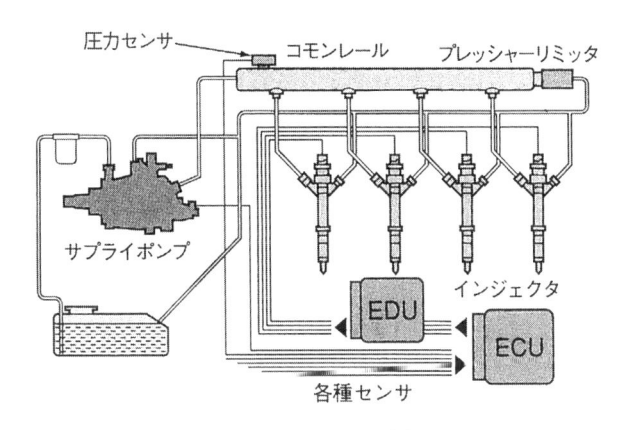

図 4.1 コモンレール燃料噴射システム

たものである．

　このように"世界一競争力ある製品作りプロジェクト"ではオルタネータやコモンレールのほか，次期型カーエアコン，次期型 O_2（酸素）センサなど，各事業部の将来を担う重要な製品やシステムから 12 のプロジェクトを選定し，事業部門，営業部門，機能部門からなるプロジェクトチームを発足させて性能・品質・コストで世界一競争力ある製品の実現と新製品開発のマネジメントの再構築を目指して活動したのである．

　顧客情報の収集，顧客ニーズの商品企画への反映，開発期間の短縮，IT の活用など，マネジメントの工夫と研鑽を進め，それぞれの製品について事業展開の基礎を固めていった．この成果としてスタータ，オルタネータ，フューエルポンプ，メータ，カーエアコン，ワイパモータ，ウィンドウォッシャモータなど，14 製品が 1998 年に世界市場でシェア No.1 の地位を確立することができた

のである．

　一方，新事業分野における"マーケティング推進による新しい市場創造のプロジェクト"ではモバイルマルチメディア，FAなどの市場別に，新事業の関係者からなる五つのプロジェクトチームを編成し，新たな需要・市場創出のためのマーケティング手法を学んだ．これによって新事業の柱となる電子応用機器，通信機器，環境機器，情報システム製品，FA関連製品の各分野においての事業戦略・販売戦略の方向付けをすることができたのである．

　このような先端を走る技術開発は，最先端の技術を追う技術者とそれを実現する技能者がロードマップを描き"ダントツ"の目標を掲げて"世の中にないものは自分たちで作り出すのだ"という思いのもとに，機能と役割を超えた技術と技能の融合があってこそ実現したと考えている．

"世界初""世界一"の創造への連携と融合

技術者　　　　　　　　技能者（匠の技）

【設計】夢を描く

連携

【生技】最適な作り方を追求する

連携

【工機】専用機作り
【品質】管理・計測
　　　　⋮

【試作】夢をなんとしてでも形／物にする

融合

【生産】現場ならではの気付きの反映・蓄積

技術と技能の融合が最先端を切り開く

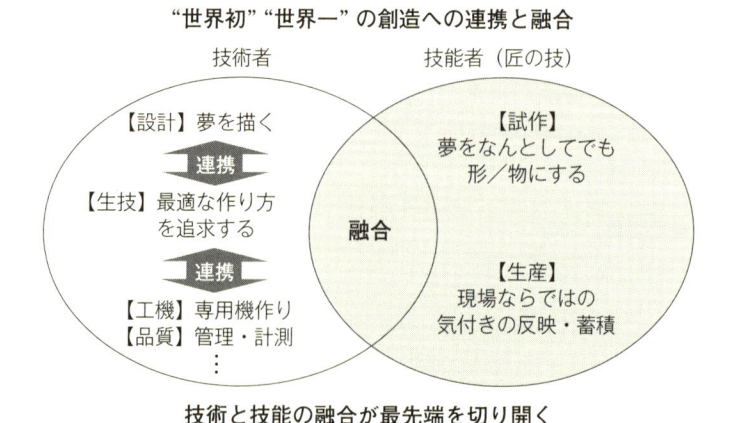

図 4.2　技術と技能の融合

技術と技能の融合

"世界初""世界一"への挑戦は技術者だけでは成し遂げられないと考えている. 技術者と技能者の融合が最先端を切り開き(図 4.2), 結果を得る (写真 4.3). 次期型製品開発活動においても両者は融合の真価を発揮してくれている.

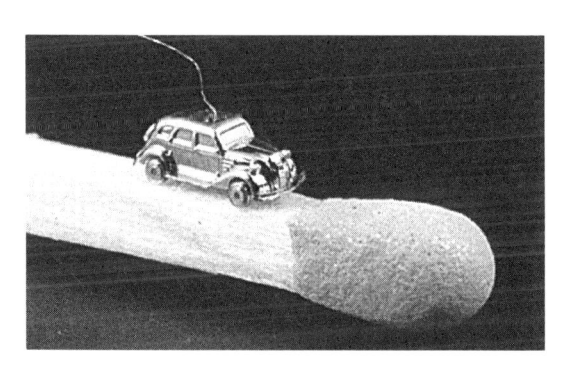

写真 4.3 マイクロカー

> 半導体プロセスやマシニングセンタ, 放電加工などの技術で製作した世界最小の自走模型自動車として 1994 年にギネスブックに登録されたマイクロカーである. サイズは全長 4.785 mm, 幅 1.730 mm, 高さ 1.736 mm, 実際のクラシックカーを 1/1 000 に忠実にスケールダウンして製作した. 車体の内部には直径 1 mm の電磁マイクロステップモータが内蔵され, 最大 100 mm/s の速度で走る.

同様の考えで, デンソーの二つの研究所である, 基礎研究所と部品総合研究所においても技術者とほぼ同数の高度技能者を配している. 両者の実力はもとより, モチベーションが実に高い. これも融合の効果だと思っている.

4.3 品質要求の高まりに応える品質向上の取組み

(1) 品質問題からの学び

1990年代前半，今でも忘れられない，またこれからも決して忘れてはならない市場処置問題を4件も発生させ，エンドユーザー，自動車メーカーへ多大なご迷惑をおかけした．

それは，

① シール材の耐熱余裕度不足
② リレーのオフバウンスによる接点溶着
③ 通電接合部位のかしめ不足による発熱
④ 隙間腐食によるシール部からの冷媒漏れ

であり，1件ずつ仕事のステップごとに真因究明して再発防止策を立案し，社内に徹底した．

その一つである"シール材の耐熱余裕度不足"を紹介する．この問題が発生する少し前の1989年，自動車メーカー各社が新車の保証期間を延長した．目的は"顧客に一層の満足を与える"ことがねらいである．この不具合はこの保証期間延長にも関連している．

その当時，製品が搭載されるエンジンルーム内の温度は従来より上昇していた．そのような環境で長期間使用したときのシール材（ゴム材）の耐熱余裕度不足が顕在化した不具合であった．

設計検討段階では当然のことながら温度・振動などの使用環境条件を測定して評価していた．しかし，燃料の最高温度に着目した劣化モードは前モデルと同等であることは確認していたが，エンジンルーム内の平均温度が約10°C上昇していることを見逃していた．

結果的に，温度履歴の積算で進行するシール材の熱劣化が早まっていたのである．また，シール材が触れる燃料の性状も軽油の低硫黄化に伴いアロマ組成が変化しており加速要因となっていた．さらに，シール材の仕入れ先において，2次加硫不良が重なったことも，より耐熱性を悪化させていた．

この不具合で残念だったのは，このような設計時の検討が不足していたこともあるが，この製品はもともと耐熱寿命の余裕度が小さく改善の必要性を認識して長寿命化活動に取り組んでいた製品だったことである．シール材の材質変更を進めていたにもかかわらず，数円のコストアップとなるため採用を躊躇して後手に回ってしまったのである．

このほかにも，通電接合部位のかしめ構造などにおいて，材料や加工方法，工法の検討不足が起因した品質問題が発生していたことから，特に新規性が高い開発製品については材料や加工方法に関連する新規点・変化点に対し，材料技術部，生産技術開発部などの専門家による"材料加工分科会"（MPDR：Materials Processing Design Review）で審議することをルール化した．現在は構想設計段階（開発MPDR）と詳細設計段階（MPDR）の2段階で綿密に審議している．

また，FH（Fire Hazard：発煙，発火など，火災の原因となるもの）は人命にかかわる問題であり1件たりとも発生させてはならないことにした．そのために製品別のFHチェックシートを整備し，FHの未然防止に的を絞ったFHDR（FH Design Review）で審議することもルール化した．

前述の"シール材の耐熱余裕度不足"の不具合の反省から，シール材反発力の経時変化の実測などの評価方法を確立し，ゴム部品の寿命を把握することを FH チェックシートへ追加した．これに加えて，FH 3 STEP 評価方法*を構築するとともに FH 問題が発生した場合には"FH 監査改良会議"を開催し，原因究明と再発防止を徹底することにした．

さらに，前述の 4 件の問題では真因究明に時間を要して長期化させていたため，品質管理部に材料技術部から金属材料，樹脂材料などの専門家を異動させて故障解析部隊を強化し，品質問題発生時の全社支援活動を推進した．

このような技術的な対応策に加え，品質問題の長期大量化を防ぐために，問題が発生した初期段階（お客様から販売店がクレームを受け付けた時点）で迅速な情報の収集と処置活動を行うこととした．まず市場の品質情報を収集する部門であるサービス部と問題解決のシナリオ作成，故障解析を行う品質管理部とが情報を共有する場として**サービス部・品管部連絡会**（毎週 1 回，木曜日朝 7:30 から開催していたため"朝会"と呼ばれるようになった）を発足させた．朝会で特に重要と判断されたものは品質担当役員によるヒアリング及び監査改良会議を開催し，必要に応じて全社プロジェクトチーム，スクランブル（現車確認）チームなどを編成し，早期処置

---

* 電気・電子回路，電気部品，可燃性液漏れに対して次のステップで確認する．
  ステップ 1：部品故障・誤使用でどのようになるのか
  ステップ 2：保護装置作動までにどのようになるのか
  ステップ 3：保護装置が働かなかった場合，どのようになるのか

活動を講じるようにした．

このほか，製品ごとの目標寿命の明確化と目標寿命達成状況の確認活動，課長・係長クラスの技術者に対する**品質技術教育**などを継続的に実施することにしたのである．

> **チャレンジできる風土**
>
> 　画期的に魅力ある製品開発，また同時に生産ラインの革新も含めた開発は激しいグローバル競争に立ち向かうためには不可欠である．様々なリスク・失敗は怖いが萎縮していては明日の成長はない．
>
> 　無理を道理にして進歩だ．壁，限界を打破して初めて新しい世界が広がる（とはいえ，それが楽園か荒地かは十分吟味しなければならないが）．そのためにも無茶を言い合える職場空間と仲間がいて"ぜひやってみたいな！"と発奮し，上司が"まずやってみろよ！"と背中を押す．ノーミスの仕事を意識し，部下よりたくさん気付くだろうと言わんばかりにあれこれ見渡し"検討しろ！"の連発では士気はくじかれる．
>
> 　失敗は若手担当者の責任でなく上司や組織の責任である．遭遇した品質問題は組織として監査改良会議において技術面，管理面の両面から徹底的に原因を掘り下げ，再発防止や自社の技術標準のレベルアップを図っていく．
>
> 　よくよく振り返ってみると果敢・大胆な挑戦者のほうがその失敗を糧により大きく成長し，結果として指導的地位についているケースが多い．

ノーミスの人生をすばらしいと言うべきか？　さて…
　若い世代の果敢な挑戦を天空から見つめている，そんな風土を守っていきたいものだ．

　2000 年代になると自動車部品の高機能化，小型軽量化のための機電一体化，システム化などに伴い，技術は高度化，複雑化していった．一方，自動車メーカーの内部告発によるリコール問題などが散発し，エンドユーザーの品質意識も厳しくなっていった．

　このような状況の中，市場での品質問題を一時的に増加させてしまったが，後述の再発防止施策やデミング賞受賞以来守り続けてきた初期流動管理などの未然防止施策の徹底度合いを上げる工夫をすることで，デンソーの品質レベルは一段上のレベルへと進化していった．

　ところが，すでに欧米市場を含め世界中の使用条件，環境条件を把握しているものと思い込んでいたデンソーが面食らった事例が発生した．それは燃料性状にかかわる問題であった．燃料を噴射する製品において，製品内部の摺動部に多量のデポジット（脂肪酸塩）が付着して燃料噴射不良を来し，エンジン始動困難やラフアイドルなどのエンジン不調になるという問題であり，これらは欧州の一部地域において多発していた．欧州の特定の製油所のみ燃料性状が他の製油所と異なり，その供給地域で多量にデポジットが生成されていたのである．

　当時は，現地での燃料性状の分析能力の不足，燃料の評価方法未確立などの問題があったことと，デポジットの生成メカニズムに関

する知見がなかったために,対策までにおよそ1年半を費やしてしまった.

問題解決にあたっては現地へ調査隊を送り込み,ガソリンスタンド単位での燃料回収と分析,燃料精製メーカーへの地道な聞込みなどを行った.その結果,品質問題が多発した地域は燃料事情が変化しており,この燃料の市場供給が開始された時期と品質問題が多発し始めた時期とが一致していたことが判明した.

現地調査の結果を踏まえ,燃料成分の極性などを分析することによってデポジットの生成メカニズムを解明することができた.この問題を契機に"多様化する燃料に対応したロバスト性に優れたシステム・製品を実現する"ことをミッションとする全社プロジェクトを立ち上げて,**世界の燃料性状と不具合情報の一元管理,不具合メカニズムの解明と評価方法の確立**などに取り組むようにしたのである.

以上,デンソーが経験した品質問題とその対応の一端を紹介した.デンソーでは発生した品質問題を教訓に次に紹介する風化防止の取組みを推進している.

(2) 風化防止

まえがきでも述べたが,私自身も品質問題を経験し,デンソーとしては前述のように様々な品質問題を発生させた.それらの中には果敢な挑戦だったために知見がなく発生させてしまった問題もあるが,一度経験した問題の再発は許されない.デンソーでは再発防止を迅速,かつ,確実に行うために次の取組みを推進している.

132　第4章　ボーダレス・グローバル時代に立ち向かう

品質問題が発生した場合は緊急度や原因と教訓により，

- ・品質ニュースの発行
- ・関連部品，材料の総点検の実施
- ・社内標準（設計，評価基準など）への反映
- ・品質技術教育への反映
- ・過去トラ展示館での情報展開
- ・品質向上活動事例展示会での情報共有

などで全社に横展開している．

ここで"過去トラ展示館"について紹介したい．"過去トラ"とは"過去に発生させてしまったトラブル"の略称であり，開発時に発生した不具合（これは"今トラ"とも呼んだりする），納入不良

図4.3　品質ニュース

や市場での品質問題のことである．これら諸先輩の経験から得られた知見や教訓は貴重な財産として繰り返し確実に伝承し，同種不具合は確実に再発防止しなければならない．そのために2005年，本社信頼性棟の改築にあわせて"過去トラ展示館"を併設した．

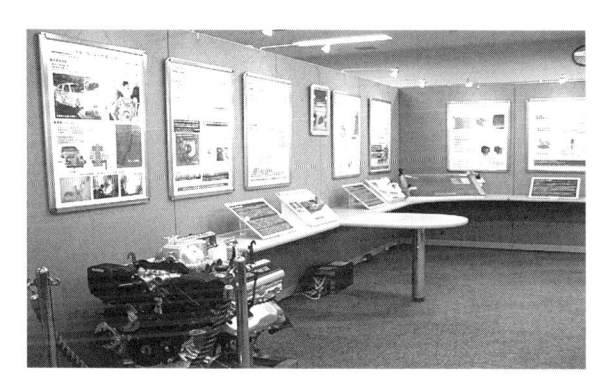

写真4.4　過去トラ展示館

展示内容は次のとおりである．
【常　設】
　・品質問題の歴史（品質向上活動，取り巻く環境を含む）
　・伝承すべき代表事例，不具合内容と教訓，現品，再現映像，報道記事など
　・お客様の生の声（クレーム）
【適宜展示】
　・直近の品質問題
　・関連横展開事項（技術，製造，品質保証への反映事項）
開設初年度は約3 000人/月が参観し，1年間でほぼ全技術者に

徹底することができた．次年度以降は新入社員の品質技術教育に組み入れるとともに，適宜，横展開すべき品質情報の展示を年に数回開催している．

さらに2012年に"知識も教えるがそれ以上に技術者としての心構えを教える"技術道場を開設した．そのカリキュラム中で過去トラ展示館を活用しており，伝承すべき教訓を繰り返し教え，デンソー社員として"品質第一"の判断・行動を習得させることに努めている．

（3） やりきる風土づくり

1990年代，2000年代，デンソーは品質問題の再発防止や未然防止の強化を図り品質レベルを高めてきた．しかし一方で，製品のシステム化，高度化に伴う仕事量の増大に対応しきれていない部分が顕在化してきた．例えば，詳細設計から生産準備に移行する節目である1次品質保証会議で，本来完了しているべき内容が不十分という問題点が指摘された．

そこで，品質の最上位会議体であるCS（Customer Satisfaction）向上会議において"このような状況をなくし'一皮むけた''脱皮した'姿を目指したい""品質面はもちろんのこと，きちんとした仕事ができてお客様の期待と信頼に応えていきたい"などの熱い議論の末，開発から量産化における各フェーズでの完成度を向上させることをねらいとした**完成度向上活動**を推進することを決定した．

完成度向上活動は前述のデミング賞受賞時に評価を受けた初期流

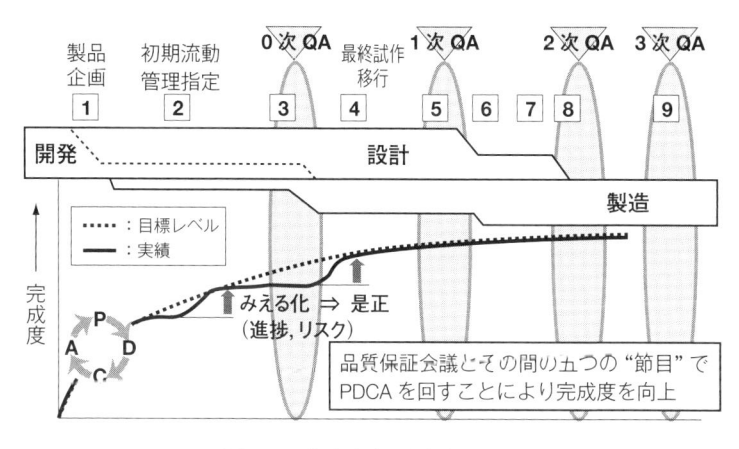

4.3 品質要求の高まりに応える品質向上の取組み　　135

図 4.4　完成度向上活動の概要

動管理を基本にして，より確実で緻密な管理を行い，各フェーズでの完成度を見極めてリスクを見える化し，必要に応じて担当事業部に対して関係機能部も入り込んで全社の総智・総力で品質を改善する活動である．

　早い段階でリスクを見える化するために，まずは従来からあった三つの節目，すなわち 0 次，1 次，2 次の品質保証会議に加えて，新たに六つの節目を追加し，それぞれの節目における完成度をいくつかの項目とその達成レベルで評価できるようにした．設計・製造部署は，完成度を把握しながら仕事を進めるが，念のために品質保証部門が節目ごとにリスクはないかを監査する仕組みとした．監査結果はリスクレポートとして品質保証会議で報告され，リスク回避策を審議するようにしたのである．

　この仕組みを全社で試行するにあたり，技術担当役員からは"品

質保証会議で審議を受け，さらに中間の節目で評価され，監査ばかりが増え，実務担当の設計者は疲弊してしまう""がんじがらめで設計者はとんがった開発の意欲がなくなってしまう""やるべきことが確実にやりきれる範疇で冒険もしない魅力なしの製品開発でいいのか"など，ここでも"カンカンガクガク"の議論があったが"生煮え製品を出してしまってお客様に迷惑を掛けることがあってはならない．そのためにはこうした仕組みも必要である"との結論に至り，2007年から国内で試行を開始し，2008年には海外拠点へ展開していった．実施方法や体制，支援ツールなどが整備され"節目管理""9 Gates"と呼ばれてグローバルに定着していったのである．

2009年にはデミング賞受賞からデンソーの品質保証のバイブルとして守るべきもの，変えてはいけないものとしていた初期流動管理規程に完成度評価を織り込む大幅改訂を行った．現在，完成度向上活動は次のステージへと進化させ，**きっちり活動**として推進している．

製造部門の取組みの一例を紹介すると，工程管理明細表の作成にあたっての"きっちり"を次のように定義して，記載どおり製造・管理すれば良品のみができる工程の実現を目指して取り組んでいる．

① 抜けがない：全品番，全工程を作成する．記載すべき項目（治具，加工条件など）に抜けがない（基準に定義している事項が網羅されている）．

② 確かな内容：加工条件，作業内容，管理項目，管理条件などが適切に記述している（記載内容についてDRなどで問題

③ 適切な時期とプロセス：節目ごとに，工程 FMEA，QA ネットワークの実施とその内容を工程管理明細表，作業要領書に反映（工程 FMEA，QA ネットワーク，工程管理明細表，作業要領書の内容が一致）している．

このような品質保証の仕組みを改善する活動と並行して，従業員一人ひとりの品質意識を変える活動も推進してきた．その一つが**チャレンジ『0』活動**である．

デンソーでは QC 診断（社長診断）という PDCA の"C"に相当する現場診断を実施している．その診断において，グループ会社で品質実績を大幅に改善している活動が注目された．その活動は"言われたことしかやらない，できない理由があればやらずに済ませる（おとがめなし），他人のことは我関せず"といった職場風土の弱点を改善するため，社長自らが陣頭指揮を取って進められていた活動"不良『0』ラインへの挑戦"である．

まず，10％に近い工程内不良率であった製品を取り上げて改善することとした．品質実績の確認は社長指示により，社長自身が不良品すべてを見ることになっていた．活動当初は不良品の山を台車に載せて現場と社長室を数回往復しなければならなかったが，

・"不良『0』の口"を作る．
・ネック加工工程に生産技術開発部隊を参画させる．
・月度のチャレンジ目標を担当部長が宣言する．

などの施策を段階的に進めることで，社長室へ運ぶ不良品も台車から通い箱，通い箱から小箱へと変化し，活動開始から 1 年後には

不良率は数 ppm，5 か月連続不良『0』の実績をあげるに至った．このように改善効果が一目瞭然となり，現場の品質意識もモチベーションも大いに高揚し，自ら課題を形成しチャレンジする風土が醸成されていったのである．

この"不良『0』"にこだわり，品質意識を変える活動をデンソーでは 2003 年度の品質方針に織り込み，全社に導入することにしたのである．進めるにあたっては，新たな仕組みや組織を作るのではなく，既存の小集団活動である QC サークル活動（技能系職場），Active Meeting 活動（事務・技術系職場）をより進化させる方法で展開することにした．

部門長の強いリーダシップのもと"不良は減らすものではなく『0』にするものだ！ そのために不良モードを分類してでもねらった不良は『0』にする！"ことを目標とし，一つひとつ着実につぶし込むことにした．取組みテーマは全社登録とし，目標を達成した事例を横展開して対象を広げていった．

当時の事例をあげると，

・外観検査：ねじつぶれ不良『0』，ハウジング打痕不良『0』
・漏れ検査：異物噛み込み不良『0』

などであり，製造現場だけでは改善ができない場合は設計・生産技術も巻き込んだクロスファンクショナルチームで取り組んだテーマもあった．活動開始から 5 か年を区切りとして，活動の趣旨が浸透したこと（最終年には 2 000 テーマを超える）を意識調査と目標達成率で確認し，2008 年からは事業部の自主活動へと移行したのである．

人事を尽くしたとの思い

　先行研究，製品開発，そして量産設計へとステージの進む中でステージごとの"できた！""めどが立った"の確実度は大きく異なっている．社内でも開発陣のできた発言に対して量産設計陣はいぶかっている．

　各々のメンバーは当事者意識を持ち，おやっ？　と思ったら即発言する責任を持つ．最前線にいる一人ひとりが全員センサなのである．

　プロジェクトリーダーは節目ごとに次のステージに進むか否かの判断が重要な責務の一つである．そのためにも，最前線の人，実験・データ取りをした人，現物に接していた人のすべての発信を引き出し，真摯に対応しなければならない．

　リーダーとして"私は精一杯，一生懸命にやった"との思いは成功への必要条件にすぎず十分条件を満たしていない．その程度で"人事を尽くして天命を待つ"心境と考えるなら，逆に天罰を喰らうぞと思いたい．活動成果を世に問うとはそれほどに厳しいものである．

4.4　ぶれない人材育成

(1)　バブル経済崩壊後でもやり続けたこと

1991 年，バブル経済崩壊後の深刻な不況や急激な円高は日本経済に多大な打撃を与え，デンソーも目標を大幅に下回るかつてない

厳しい事態に直面した．

こうした状況にいち早く対応して，SCRUM（Slim, Costreduction, Restructuring, Unique, Man power）作戦と名付けた全社活動を 1992 年に展開した．この活動は販売促進，原価企画，不採算製品改善，円高活用，生産性向上をねらいとして，それぞれに特別委員会を設置し活動を展開したのである．特に，生産性向上特別委員会では仕事の抜本的な変革を通じて全社的な生産性向上を実現し，人的資源の最大活用を図るため通常業務を従来の 80％の人員で実行し，20％の人材を重点業務に移行するパワーシフト 20（PS 20）活動を展開した．

こうした厳しい状況の中にあっても，技能教育や QC サークル活動など，人材育成にかかわる部分については力を緩めることなくふんばり続けた．多くの企業がバブル経済崩壊後の厳しさを理由に廃止又は大幅な縮小を余儀なくされたが，デンソーは"企業の成長は人の成長が支える"という創業以来の精神を大切に守り続けたのである．

QC サークル活動においても，会社としてもやめるという号令は出さなかったこともあるが，厳しいときだからこそ改善を積み重ねて従来以上に強い職場をつくり上げようと，歯を食いしばって活動を引っ張ってくれた現場のリーダーたちには感謝している．

デンソーでは 11 月の品質月間には QC サークル全社大会を毎年開催しており，現在では約 100 件の取組み事例の発表会を実施している．2004 年には"40 周年記念大会"として，当時コニカミノルタホールディングス株式会社 名誉顧問の米山高範氏に講演をお

願いした．演題は"'個'の価値を高める QC サークル活動"というものであった．この中で米山氏は，全国で開催される QC サークル大会での発表件数の推移を示し"バブル経済崩壊後，急激に活動件数が減少し続けている中にあって，活動を着実に継続している企業がある．デンソーは正にその企業の一つである"といたく褒めていただいた．大変うれしく思うとともにそのときに示された推移グラフは今でもはっきりと記憶に残っている．

(2) DNA 研修

2000 年代に入り，団塊世代が一斉に定年退職を迎え始める 2007 年問題などによるモノづくり現場の空洞化の懸念やグローバル化に伴うノウハウ伝承の必要性などを見据えて，デンソーは 2005 年に"モノづくり DNA 推進室"を設置し"量産現場を中心にデンソーとして継承すべき仕事の進め方やモノづくりに取り組む姿勢といったモノづくりの本質をグローバルに次の世代に伝えていく"活動を開始した．

この活動は現場の名将と言える工場長の育成が国内優先課題であり，かつ，海外生産拠点の指導者育成がなかなか進まないことからそれらの育成を目的とした．そしてその内容は当時，点火工場長の貞弓がこだわりを持って培ってきた"製造管理技能を体系化し，これを OJT によって体得させる中で海外生産拠点も含めて指導者を育成できる人材を育てる，それも品質向上・生産性向上・日常保守を三位一体で推進できる人材を育てる"という，名付けて"モノづくり DNA 研修"をグローバルに展開している．

研修内容は，例えば，品質向上の監督者を育成する"品質コース"では研修生 14 人が 1 チームとなり，実際の組付けラインを使ってワイヤハーネス（電装品をつなぐ部品）を完成させるものである．

研修生はまず QA ネットワークという手法を活用して保証すべき項目を洗い出し，不良を作らない，流さないためにどうすべきかを議論する．そしてだれが行ってもミスなく正確に作業ができる作業要領書を議論しながら作り上げる．そして自分自身がそれを一言一句覚え，声に出しながら実際にその作業をしていくのである．これは工程プロと名付けられた手法で，作業の信頼度を高めるのに非常に有効な手法となっている．

研修は OJT で行う．講師側から答えは言わず実践の中で研修生自身に考えさせ気付かせるのである．研修生はこの教育を通じて，管理監督者の役割や共通認識，作業者の苦労や努力といった各階層に対する理解や敬意が芽生えるとともに，皆で考え議論することによってチームが融合して作業を進めることの価値に気付くのである．

この研修への参加は本人の希望による．国内外・グループ会社・部署・職種・職位を問わず上司の承認が得られれば応募できるようにしているが，口コミでその評判が広まり，受講者は年々増え続け，2013 年 3 月時点で 6 100 人を超える人気研修となっている．

DNA 研修への思い

　実は，この研修の立上げの起点になったのは私である．2003年11月にデンソーのTQM大会が開催され，当時工場長の真弓が，それまでに培ってきたモノづくりのマネジメントの事例を発表してくれた．彼の発表を聞いた私はこのDNAを是非とも残しておきたいと思った．数日後，彼に直接電話し"君の持っているマインドを教えてやってほしい．君みたいな人を年に1人でもいいから育ててほしい"と依頼したのである．

　彼は"すでにグループ会社に異動することが決まっているので"と私の依頼を断った．しかし，私はあきらめなかった．何度も彼と議論した．彼は相当な頑固者で指導方法や内容を巡って最後にはもの別れのようにもなったが，彼なりに私の思いをくみ取ってくれ，すばらしい内容に仕上げてこの研修を立ち上げてくれた．

第5章 これからの品質経営

　東西対立の冷戦時代はすでに四半世紀前に去り，世界の交流は自由・ボーダレスとなり，そして，グローバル時代が幕を開けて久しい．

　以来，米国一強時代を経て，今や中国が台頭し，ロシア，イスラム諸国もその発言力を高めようとして混沌を極めている．いまだ民族紛争やテロ活動などが世界各地で起こり，各国の政治は大きく揺れている．

　経済面では，為替が乱高下し，ユーロ不安も記憶に新しい．しかしなんといっても，2008年9月，世界規模の金融危機の引き金となった，いわゆるリーマンショックは鮮烈であった．その影響は1か月も経たない間にまるでドミノ倒しのように世界中を駆け巡った．"世界がこんなにも深くつながっていたのか！"と驚くとともにグローバル化の進展を実感させられたものである．

　このように，世界がうごめく中で日本の製造業，特に我々自動車部品メーカーはこれから先，何を目指し，どのような努力をしたらよいのか，これは大きな課題である．

　自動車産業を見れば，世界中で自動車を活用できている人はまだまだ少なく，需要はさらに伸びていくだろう．すなわち，自動車産業は世界的に見れば成長産業である．自動車の持つプラス面をさら

に進化させて人々に喜びや楽しさ，感動を届ける．他方，排出ガス，交通事故などのマイナス面は早期解消が急務である．自動車を巡る開発競争は激しく，高度化・複雑化したシステムの品質保証は企業にとって正に生命線である．

また，日本の多くの製造業はすでに海外に進出し，グローバル展開中である．しかし，これからさらに地域は広がり，かつ，活動機能も増大することになる．その必然として経営の現地化は進み，その下での日本品質や日本のモノづくりの信頼性の維持・向上が重要な取組み課題である．他方，日本国内を見れば製造業の革新と活性化が我々の視線の先の焦点である．その一つは日本社会を背景に世界にも通用する先行開発であり，もう一つは現在の事業領域においてその領域に踏みとどまり勝ち残ることである．

5.1 自動車を巡る将来の課題

まず自動車産業の将来の姿を展望したい．

2025年の世界の自動車販売を予測すると，新興市場を中心に成長を続け2012年比約1.5倍まで市場規模が拡大していると考えられる．世界的に見れば自動車産業はまだまだ成長産業である．また，新興市場ではこれまでの小型車の伸びに加えて中上級車の需要拡大も期待されるため，販売額の伸びはこれ以上になると予想される．一方で，世界の自動車保有年数はじわりじわりと長期化し，こちらも考慮すべき課題である．デンソーでは経年車問題と位置付けて対応を急いでいる．

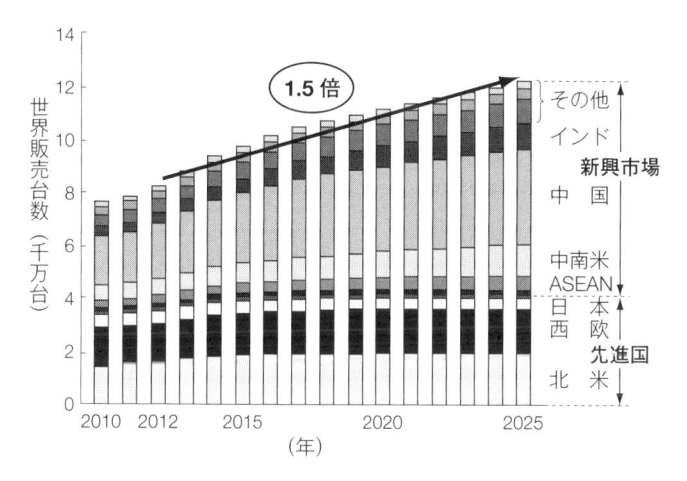

図5.1 自動車販売の予測

　人々に喜ばれ利便性をもたらす自動車であるが，その利用拡大には二つのマイナス部分があり，その最小化が急務である．

　その一つは環境汚染である．CO_2排出規制などの環境規制は年を追って厳しくなり，走行距離当たりのCO_2排出量では，2013年で最も厳しい欧州でも 120 g/km [*]だったものが，2020年以降は 95 g/km とすることが議論されている．やがて中国，日本でも厳しい規制が課せられるであろう（図5.2参照）．CO_2排出規制はエネルギー問題とも強い関連がある．低炭素社会の実現のために，脱化石燃料化などの研究も精力的に進めなければならない．

　このような環境先進自動車の開発ではパワートレインの多様化や車両の軽量化が鍵となる．パワートレインには HEV，EV，

---

[*] 車体本体で 130 g/km を達成し，バイオマス燃料の活用やタイヤ，エアコンの改良等の補助手段を用いて 10 g/km を追加削減した．

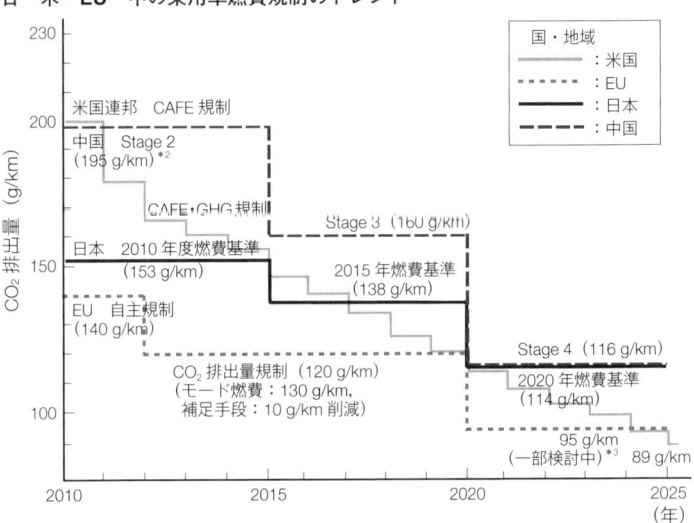

日・米・EU・中の乗用車燃費規制のトレンド[*1]

図中注記:
- 米国連邦 CAFE 規制
- 中国 Stage 2 (195 g/km)[*2]
- CAFE・GHG 規制
- 日本 2010 年度燃費基準 (153 g/km)
- EU 自主規制 (140 g/km)
- Stage 3 (160 g/km)
- 2015 年燃費基準 (138 g/km)
- CO₂ 排出量規制 (120 g/km)（モード燃費：130 g/km，補足手段：10 g/km 削減）
- Stage 4 (116 g/km)
- 2020 年燃費基準 (114 g/km)
- 95 g/km（一部検討中）[*3]
- 89 g/km

[*1] ガソリン1リットル当たりの CO_2 排出量を 2 321 g として換算
[*2] 195 g/km は推定値．2005 年 → 2008 年，2008 年 → 2012 年の規制強化率を参考に DN で 2012 年規制レベルから逆算した値
[*3] 2025 年以降の基準値に関しては，2015 年までに EU 委員会により影響調査がなされた後，その結果を踏まえて検討される見込み

図 5.2 乗用車に対する CO_2 排出規制

FCEV，天然ガス車などがあるが，従来のエンジンでも画期的な燃費改良競争が続くであろう（図 5.3 参照）．また，アイドリング・ストップも大人気だ．車体の軽量化では樹脂化やボディ構造の改良が進むであろう．

我々には，これらに対応した幅広い品質保証活動が求められる．それはこれまでの知識・経験を越えるものであるが，ひとたび不具合を起こせば企業として致命的となるため，その整備は重大であり急務である．

5.1 自動車を巡る将来の課題

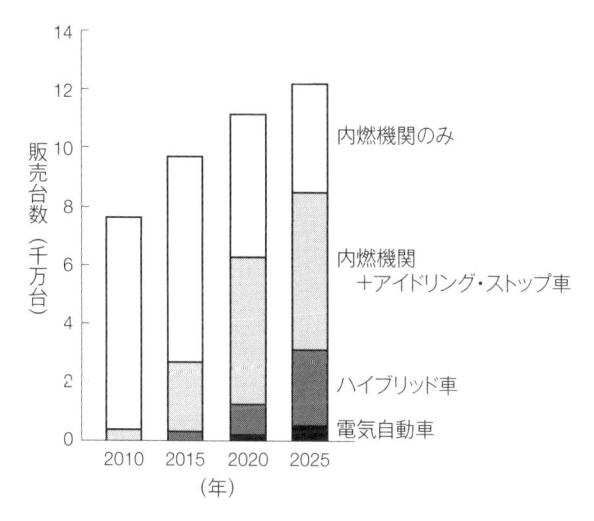

図 5.3 乗用車＋商用車（＜6トン）の駆動方式

　マイナス面の二つ目は不幸なことであるが交通事故である．交通事故による死者数は新興市場において拡大するものと予想される（図5.4参照）．そこで，先進国，新興国ともに先進安全技術を廉価に提供することが不可欠である．また，衝突安全システムとともに近年先進国で普及し始めた予防安全システムの世界的な普及が必要である．

　ここで，衝突安全と予防安全の違いについて簡単に説明しておく．避けられずして事故に遭遇した際，事故の衝撃が搭乗者に与える被害を少しでも軽減しようとするのが衝突安全（パッシブ・セーフティ）であり，エアバッグや衝突時のシートベルト巻上げ装置（プリクラッシュ）が該当する．これに対して，事故に遭遇しない，あるいは事故を未然に防ぐようにしようとするのが予防安全

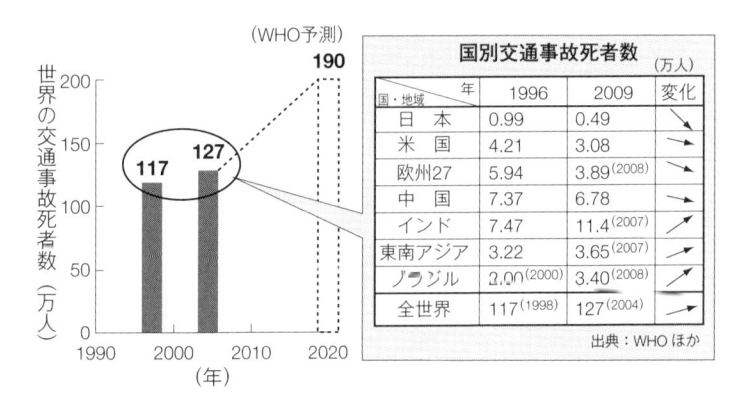

150　　　第5章　これからの品質経営

図5.4　世界の交通事故死者数とその推移

国・地域 年	1996	2009	変化
日　本	0.99	0.49	↘
米　国	4.21	3.08	↘
欧州27	5.94	3.89(2008)	↘
中　国	7.37	6.78	↘
インド	7.47	11.4(2007)	↗
東南アジア	3.22	3.65(2007)	↗
ブラジル	2.00(2000)	3.40(2008)	↗
全世界	117(1998)	127(2004)	↘

出典：WHO ほか

（アクティブ・セーフティ）であり，歩行者検知やレーンキープ，そして低速時自動ブレーキなどが該当する．予防安全は周辺監視支援，車両運動制御，事故回避支援の各技術の集大成であり，各社ともこれらの技術開発に積極的に取り組んでいる．

ここまで二つのマイナス面を述べたが，今後は先進的クルマ社会としてCO_2排出量と交通事故の低減を同時に解決していかなければならない．現在は，これらを促進するため先進的な自動車開発とこれからの先進的クルマ社会の実現を目指したインフラ開発競争が

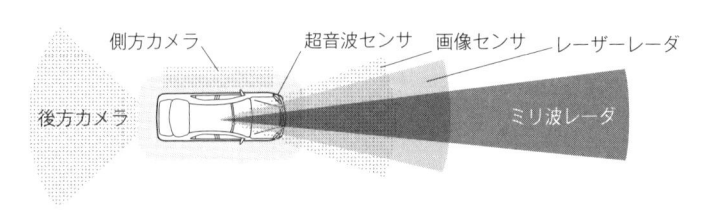

図5.5　周辺監視支援の技術

5.1 自動車を巡る将来の課題

盛んである．

　この一つの姿は，現在の自動車のプラス面にさらに機能を付加した先進的自動車の開発である．自動車は物流や人の移動手段だけではなく，ライフスタイルの実現手段でもある．自動車内の空間や時間，あるいは機能をさらに生かそうという考え方である．ソーシャルアプリケーションの端末として，コミュニケーションの手段として，あるいは非常時の電力供給装置として自動車を有効に使うために"社会とつなぐ技術""住宅につなげる技術"の開発が進められている．

　二つ目は，先進的クルマ社会を実現するためのインフラ開発である．物陰より歩行者が飛び出す状況を街頭に設置されたカメラが察知・検知し，近隣を走行中の自動車に警報として伝達するなど，社会インフラと協調した安全確保が進むものと予測される．果ては自動運転へとつながる技術であり，先行するグーグル社を各社が負けじと追随している．また，社会インフラとして整備するためには自動車業界だけでなく行政（道路行政等）やIT業界の協力が必要であり，これには国をあげて取り組んでいる．

　この二つに共通する"つながる自動車"（コネクテッド・カー）の技術は渋滞のない道路への誘導，公衆トイレやコンビニエンスストアへの誘導など，利便性にも貢献するが，都市に進入する自動車をモニタし数時間後の渋滞発生を統計的に予測することによって，都市単位でスムーズな走行を実現することにも貢献できる．都市を走行する自動車を管制する，簡単に言えば渋滞を発生させないように自動車を誘導することによって，都市単位で消費エネルギーを低

減し低炭素社会を実現しようというのである．まさに先進的クルマ社会である．

　自動車は現在でも，また未来においても，利用者にとっての利便性のみならず消費者に感動を与える商品，あるいはあこがれの商品であることには間違いない．一歩先をゆく開発にこだわり，お客様の心に訴求する商品を提供し続けていきたいものだ．

5.2　品質保証での挑戦課題

　先進的クルマ社会，感動を与える自動車空間，ともに未来の自動車は複雑，かつ，重層な制御が必要となるため，マイクロコンピュータの多用，組込みソフトウェアの肥大化が避けられない．また，現在の自動車は個々にもつマイクロコンピュータ間の協調制御を行っていたが，将来の"つながる自動車"では，これに加えて車車間通信や路車間通信（社会インフラとの接続を意味するインフラ協調システム）が行われるため，外部との連携や協調が必要となる．

　例えば，アイドリング・ストップではエンジン制御とブレーキ制御が個々の自動車の中で協調しているが，"つながる自動車"ではさらに先行車のブレーキや周辺監視の情報を加味して制御しなければならない．すなわち外部との情報のやり取り（通信）が生じる．この通信品質の確保は重要な課題である．また，社会インフラとの協調では通信品質のみならず，外部からの侵入に対する防御など，セキュリティ面への対策も必要となる．侵入者によって勝手にブ

5.2 品質保証での挑戦課題

レーキを操作されれば人命にかかわる大事故を招きかねないからである．今後は通信品質に加えて新たにセキュリティの品質管理も重要となってくる．

これに対して我々は品質面でどうがんばるべきかを考えてみたい．一つは高度化・複雑化に対して開発プロセスをきっちりと，すなわち正確に厳密に管理することである．二つ目は，日本品質，あるいは日本の信頼性を新たな分野でもしっかりと，すなわち確実に堅実に継承することである．

一つ目の**開発プロセスの管理**についてがんばるべき部分を述べたい．ソフトウェア開発は自動車の信頼性を左右する．そこで，決められたルールを守りながら仕事を行うことにより抜けやもれを防ぐという，いわばQCの基本のようなことがソフトウェア開発にも適用されている．そのような状況下で欧州主導によって**機能安全**の国際規格が制定された．この規格は"開発プロセスの中で安全処置を講じる取組み"を国際標準に沿って行うことを求めている．決められたことをもれなくやりきることで不測の誤動作をなくしていこうという取組みである．

機能安全は2011年にISO 26262として国際規格となり，各自動車メーカーが対応を宣言した．デンソーも新たに"機能安全管理"の仕組みを構築し対応している．機能安全管理では，一定の能力を有した従事者が決められたプロセスに沿って業務を遂行することが強く求められている．そのため，社内教育の充実や外部認証機関による資格の取得などを計画的に進め，次いで各製品の開発・設計を新しい仕組みに沿って再構築した．デンソーの品質管理の要

諦は初期流動管理に集約されていると言っても過言ではない．そこで，デンソーでは機能安全管理も初期流動管理の中で行う管理活動と位置付けて取り組んだのである．ソフトウェア開発では，上述のプロセス管理のほかにプラットホームの標準化なども必要であり，欧州ではAutosar，日本ではJasperなどの組織が啓蒙を行っている．また，CMMI（Capability Maturity Model Integration：能力成熟度モデル統合）などのソフトウェア開発の力量評価もソフトウェア品質の尺度として重要である．

　二つ目のがんばるべきことは，我々がこれまで目指してきた信頼性重視の継承である．信頼性試験の充実は世界中で競い合っている．**評価技術の開発**は実に大切であり，その重要性は増す一方である．なぜなら，自動車が世界の隅々まで行き渡っている現在，あらゆる環境を考慮したできばえの確認を，それも限界を越えてきっちり実施したうえでの安心をお客様に届けることが必要だからある．これを，マイクロコンピュータや組込みソフトウェアが多用されるであろう次世代の自動車でも妥協することなく実施していくべきだ．すなわち，先進的自動車におけるソフト・ハードの両面のできばえ評価を，世界中のあらゆる使われ方を踏まえて，これまで以上に徹底して実施していくべきであると考える．

　世間では，ハード面については市場複合環境を反映したFSP（Field Simulation Pattern Test），強いストレスを連続印加して故障させるHALT（Highly Accelerated Life Test）等，より高度な"できばえ評価"を行っている．さらに，研究室レベルだけではなく実車検証にも注力し，世界の道路状況を再現したテストコースで

の評価や耐寒テストを実施している．一方，ソフト面については自動車に搭載される多くの電子機器間の信号のやり取りや相互干渉に関してMILS（Model in the Loop Simulation），HILS（Hardware in the Loop Simulation）といった方法を用いてできばえ評価を行っている．また，歩行者検知では立ち木，看板，標識などの中から歩行者を抽出しなければならないが，世界では民族衣装の違いや看板などの特徴の違いがあるため，できばえ評価が非常に重要となる．そこで，世界中のプローブカー（Probe Car）で撮影した何百万枚にものぼる画像を用いて識別能力の検証を行って誤識別低減を図っている．

今後は社会インフラとの協調制御のできばえを評価しなければならない．それは**社会実験**，あるいは**世界各地での実証**といった手法となる．"つながる自動車"の開発が急ピッチで進められているが，並行して評価方法の開発を急がなければならない．これは各自各社ではなく業界や国をあげてともにがんばるべき課題である．そうすることによって，日本発のシステムは品質，信頼性面で高い水準であると賞賛されて世界に受け入れられるであろう．

これら日本の強みをさらに磨き，品質はあくまで競争力の源泉だと考え，ひたすら先へ先へと進まなければならない．

5.3 経営のグローバル化と日本品質確保

経営のグローバル化を進める中で，いかに日本の品質レベルを守り向上させていくかについて述べたい．

これから先，諸活動がグローバルに拡大・展開され現地化されていくことは不可避である．世界は現在，日本の品質と信頼性を高く評価している．日本のモノづくりは各地域に展開され，その地域に貢献し歓迎されている．縫製，食品加工，事務用機器，通信端末などの業界ではアジアを中心に低労務費国において生産し，その"日本品質"を武器に世界中に拡販している．

我々自動車部品業界も同様に，日系自動車メーカーの海外生産化が進むにつれて，部品や材料の現地調達活動を強化してきた．各地域での自動車部品の生産活動はすでにかなり進展している．さらに，近年では日系自動車メーカーが各地域に適合する自動車開発のために適合設計機能を現地化しつつあり，自動車部品メーカーにおいても現地における技術開発力の向上をねらって各地域にテクニカルセンターを設立し始めている．これら活動では，日欧米系自動車メーカーだけでなく現地資本の自動車メーカーからのビジネス獲得も目指している．

デンソーは**真のグローバル企業を目指す**と宣言してから約 10 年が経過している．

その実現のために様々な企業を参考にしつつ，社内で議論を重ねた末に，次のような経営のグローバル化への努力を近年さらに加速している．

- グローバル連結経営を導入し，これまでの事業軸，機能軸に加えて地域軸を付加した．
- 地域ごとの統括会社の権限を増大させ，ハブ＆スポーク体制とし，従来の地域戦略会議に加えてグローバルカンファレン

ス（世界会議）などの新たな活動を加えた．
- 各地にテクニカルセンターを作り，各地域の"適品"作りに努めている．例えば，インドのタタ自動車が開発して話題を呼んだ"ナノ"という自動車にはデンソーのワイパが搭載されている．ワイパは通常の2本が固定概念になっているが，インドテクニカルセンターのエンジニアは1本でインドの保安基準を満足できると発案・提案し，このビジネスの受注につなげた．
  - 当然人材育成面ではグローバルリーダー育成活動，サクセションプランもすでに継続中である．

以上のような**経営のグローバル化**に努力する中で，"グローバル化"とはどうとらえるものなのか，疑問が浮かぶ．高い天空から眺めればグローバルな姿が存在するかと思うものの，具体的に近付いて考え始めると国や地域それぞれに異なるところも多く，実にモザイク状で，一言では片付けられない．

この"地域ゆえ／現地ゆえの違い"を考えていると私のDMMIの社長就任後に間もなく経験した一つのことを思い出す．

私はDMMIの社長就任後まもなく，現地の人事部門から"新社長は（着任後日も浅く，米国事情にもまだ精通していないのに）なぜ人事マターについてこんなにも関与しようとするのか，米国における人事企画は任せてほしい"と苦言を呈された．

私は"厳しい競合の中，山積する課題に立ち向かうためには全員のやる気の高揚は不可欠である．こんな重要事項に社長がかかわらずしてどうするか"と主張し，そこから現地人事部門との大いなる

議論が始まった．

　組織の中で活躍し認められたい心，でも認められないときのジェラシー，職場のチーム活動と個人の暮らしのずれ，会社への貢献と成果配分など，これらの欲望や葛藤の図式は日米間で異なる部分はあるもののその違いは表層的であり，奥深いところ，本質的なところは"一人の人間としては皆同じ"である．これが私と現地人事部門の議論の末の結論であった．

　企業活動のグローバル化を考えるとき私はまず，この**人間としての本質的部分は皆同じ**との理解から出発すべきと考えている．この出発点について地域首脳メンバーと正対し，時間を忘れてとことん話し合って共通理解に達することが第一に重要であると言いたい．

　次に，これらの基本的理解のうえで既設生産拠点ではデンソー流マネジメントをもっときっちりと浸透させたい．言い換えれば，現地人の主導で，市場や顧客からの年々高まる要求に遅滞なく対応できる現地の業務改善力を早急につけたいと考えている．

　各海外拠点の現況を見ると，日常の操業活動は安定しており各地域の顧客の信頼も得ている．しかし，トラブルが起こると，現在でも日本から支援・指導チームが急行しているのが実態だ．すでに20年，30年余りも品質管理，工場管理，改善手法などを指導し続けながら，いまだ各海外拠点が一人立ちできないのはなぜか，なぜこの程度の進展なのか．つまるところ，そこそこの指導をし，そこそこの仕事をさせ，そこそこに処遇してきて，そして最後は日本人が何とかしてきたということではないか．

　ある講演で聞いた話である．学校で"落ちこぼれ"の生徒がいる

5.3 経営のグローバル化と日本品質確保　　159

という話に対して，その講演者は，それこそ"先生の落ちこぼし"なのだと先生に自戒を求めていた．こうした考え方に立つなら，我々日本本社側こそ自戒し，長年にわたり何がずれ，欠け，間違ってきたのかを深く考え直し，より**教え上手**にならなければ，海外拠点はいつまでたっても一人立ちできない．

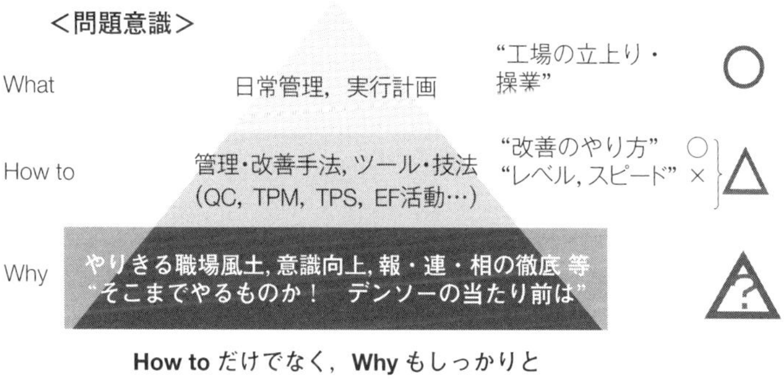

＜問題意識＞

What	日常管理，実行計画	"工場の立上り・操業"	○
How to	管理・改善手法，ツール・技法 (QC, TPM, TPS, EF活動…)	"改善のやり方"　○ "レベル，スピード"　×	△
Why	やりきる職場風土, 意識向上, 報・連・相の徹底 等 "そこまでやるものか！　デンソーの当たり前は"		?

How to だけでなく，**Why** もしっかりと

図 5.6　デンソー流のグローバル浸透状況

また，我々デンソーマンは愛知県生まれで"三河のモノづくり"に自信を持っている．確かにデンソーの今日の成功をもたらした主因子である．だがそれは，仕入れ先も互いに近隣であり長年のつきあい，ツーと言えばカーの仲，強い運命共同体意識など，恵まれた条件下でのモノづくりである　一方，世界各地域では人の意識を含めて，あらゆる条件が大きくずれていることがあり，この不ぞろいの中で必死に日本品質を届けようと努力している毎日だ．緊急時はやむをえないとしても，不具合との遭遇をチャンスととらえ，現地マネジャーを主役にして率先対応させ，振り返りや再発防止に当た

らせることだ．日本人はコーチ役として脇に控え，現地マネジャー本人の能力伸長を期待する我慢が大切だ．また，日本からの様々の情報を現地マネジャーにダイレクトに届けることを日本側も徹底しなければ彼らの責任感は育ちにくい．日本と現地との間は基本的に組織どうしでコミュニケーションすべきである．日本人がコーディネーターであればそれら情報は電子メールの機能でいうCC（カーボンコピー）として受け取るべきだ．

このほかにも海外拠点の苦戦ぶりを見るにつけて日本・日本人側こそもっとグローバル化の努力をしなければならないことは数多く思い当たる．

以上，様々に工夫努力する中，既設生産拠点ではその成長により日本人出向者比率は漸減させつつあるが，デンソー流マネジメントをより深く浸透させるべく，不具合遭遇をチャンスととらえ，現地人材主導で毎年の業務改善能力の向上を急ぎたいものだ．

次いで，かなりの難題ではあるが"当たり前"について考えてみたい．デンソー流の浸透にはその土台，基盤となっているかなり奥深いところまで踏み込まなければとても深くは浸透しない．そして，それらは**職場風土，人々の意識，職場の当たり前**であり，これらを可能な限り最高にする努力がデンソー流の浸透には重要と考えている．これらは説明でなく，説得であり，かつ，納得に至りたいものである．

土台，基盤の項目は長い年月をかけて日本で育み磨いてきたものだ．この内容の理解と日本並みの実行を要求したとき，現地の文化，習慣，社会通念からの反発やジレンマが生ずるものと考えるべ

5.3 経営のグローバル化と日本品質確保

きで，単に素直にすんなりと受け入れられるのは不思議と思うべきだ．つまり，彼らの反応を敏感に感じ取り，どうしたら現地拠点としてこれらを最大化できるかを現地コア人材とともに時間を惜しまず深く議論し工夫を重ねなくてはならない．"Yes, Sir!" は上司として気持ちのよい部下の反応だが，世界中を歩いて回ると実にその実態は様々であることがわかる．単に素直なのか，妙に素直で面従腹背か，燃えての反応であるのか——これらをしっかりと感じ取り，もう一歩踏み込まなければならないと思っている．

自社流の浸透を口にしながらも結果的には迎合したり現地妥協型になったりしてはとても勝ち抜いていけない．ある妥協の姿を指摘され"日本人出向者こそ現地人化している"と皮肉られてしまったことを思い出す．

目線水平で風通しのよい職場風土，1個の不良にもこだわる品質意識，社内の様々の今日の当たり前などは**デンソーのモノづくりの基盤**である．現地の文化，習慣，社会通念は尊重するものの，現地コア人材とともにそれらを可能な限り最高にしていきたい．

"現地化"は重要な推進事項である．"郷に入っては郷に従え""会社はその社会の中にある"．現地にしっかり根付くためには現地に溶け込む努力が必要である．しかし，すべてを現地化すれば結果，現地における並みの会社になってしまいかねない．そうはいかない．

上述のような努力を重ね，品質ばかりは現地特有の考えや現地並みの判断を押しのけ"品質は競争力の源泉"と考え"日本品質を確実に届け続ける"企業となっていきたい．

5.4 これからの日本におけるモノづくり革新

　日本のモノづくりは，すでにグローバルに展開され，世界各地域に定着し大きく貢献している．他方，我々の課題は日本でのモノづくりや日本国内における製造業の革新と活性化である．

　1年前と比べれば国内景気に明るさが戻りつつあるが，円安効果を除けば海外生産移転の流れや近隣諸国の攻勢など，実態は何も変わっていない．第3次産業・サービス産業で大きく雇用を吸収しようという意見もある．しかし，日本経済においては今後も製造業の隆盛が日本を活性化させ多くの若者に夢と希望を与えることができると考えている．

　日本に開発機能を残して生産活動は低労務費国でもよいではないかという意見もあり，実際にその姿で戦っている企業もある．しかし，開発機能だけでは日本全体からみると雇用人数に限度があり，またモノづくりとの連携・協調なくしては，とても研ぎ澄まされた，あるいは練り上げられたモノの創造はできないと考えている．

　長い歴史を振り返れば，日本は明治以降，幾多の困難を見事に乗り越えて前進してきている．黒船来襲以後の開国から，文明開化，殖産興業を図り，欧米文化を急速に吸収するなど，官民をあげて一流国家への道をひた走ってきた．戦後は産業振興を図り，輸出立国で外貨を稼ぎ国を発展させてきた．戦後しばらくの360円/ドルの時代の後，輸出競争力を毎年向上させ，多少の山谷はあるものの，大胆な言い方をすれば"円高とともに強くなり成長してきた日本"だと言えよう．また，各地に見られる技術・技能の集積地区，中小

5.4 これからの日本におけるモノづくり革新

企業，長寿企業の不倒不屈のがんばりぶりは非常に参考となり勇気付けられるものだ．

(1) 二つの考え方

日本におけるモノづくり革新の一つの考え方は，上述した日本社会の先進性，価値観，秀逸さを背景に世界にも通用する先端産業を起こし先行開発していくことだ．例えば，

- 日本は高齢化社会を越えた世界一の高齢社会である．そのような社会に対応できるシステム・技術開発が求められている．高齢者に優しい自動車・街・家作りはその一例である．世界のニーズがほどなく増大してくるものならば"ガラパゴス商品"と揶揄されることもなく迷わず先頭を走っていける開発だ．
- 高密度な交通，多層構造の都会では安心安全のインフラ協調やクラウドデータの活用が模索されており，人口密集地域を多くかかえる先進国の共通開発課題であり競い合っている．是非とも日本として一歩抜け出さなければならない．
- 日本の"もったいない精神"の存在は世界的に知られ人々の賞賛するところである．この精神は省資源，循環型，低炭素社会実現への様々な開発を加速しており，健康・長寿，美味しさ，清潔さを追い求める日本人の暮らしぶりは健康志向の電子レンジ，美味しさ倍増の炊飯ジャー，様々な衛生用品等を開発促進させ，世界に一歩先んずる原動力となっている．
- 品質，信頼性への社会の厳しさは日本社会の当たり前であ

り，日本のモノづくりを卓越した信頼性にまで磨き上げ，その強味に仕上げてくれた．今やあらゆる業界で"日本品質"はその強味となっている．

　これらの日本社会の明日の姿を創り上げる開発活動は関係機関の連携の下，すでに国をあげて様々な事例となって進められている．その一例として，自動車と街とが協調し災害にも強いスマートシティやHEMS（Home Energy Management System・一般家庭等におけるエネルギー管理システム）の技術開発，システム実証実験が全国各地で始められている．

　"必要は発明の母"の言葉どおり，日本社会の先進性や価値観が世界に先んずる開発を強力に後押ししてくれ，日本各地の"知と技の一大集積地"は一段と注目を集めている．そこに訪れる外国人も増え，やがては千客万来の日本の姿が期待できると考えている．

　もう一つの考え方は，現在の事業領域，現存の製品ではあるが，そこに踏みとどまり勝ち残ることである．将来も通して世界の人々が必要として求め続けるモノは必需品であり，時代によって量的に多少の増減があろうとも，必需品のモノづくりは不滅である．利益が得られる"日当りのよい"事業領域を求めて"選択と集中"に明け暮れるのとは異なり，腰を据えてのモノづくりである．例えば，

　・最近"ダントツ"のモノづくりを目指し，国内で"ダントツ"の工場，生産ライン，設備開発が精力的に取り組まれていると耳にする．頼もしい限りだ．加工方法を大幅に革新し，工程数を減らし"コンパクト・シンプル・スリム"を合言葉に精度を一段も二段も向上させ，加工スピードはN倍，

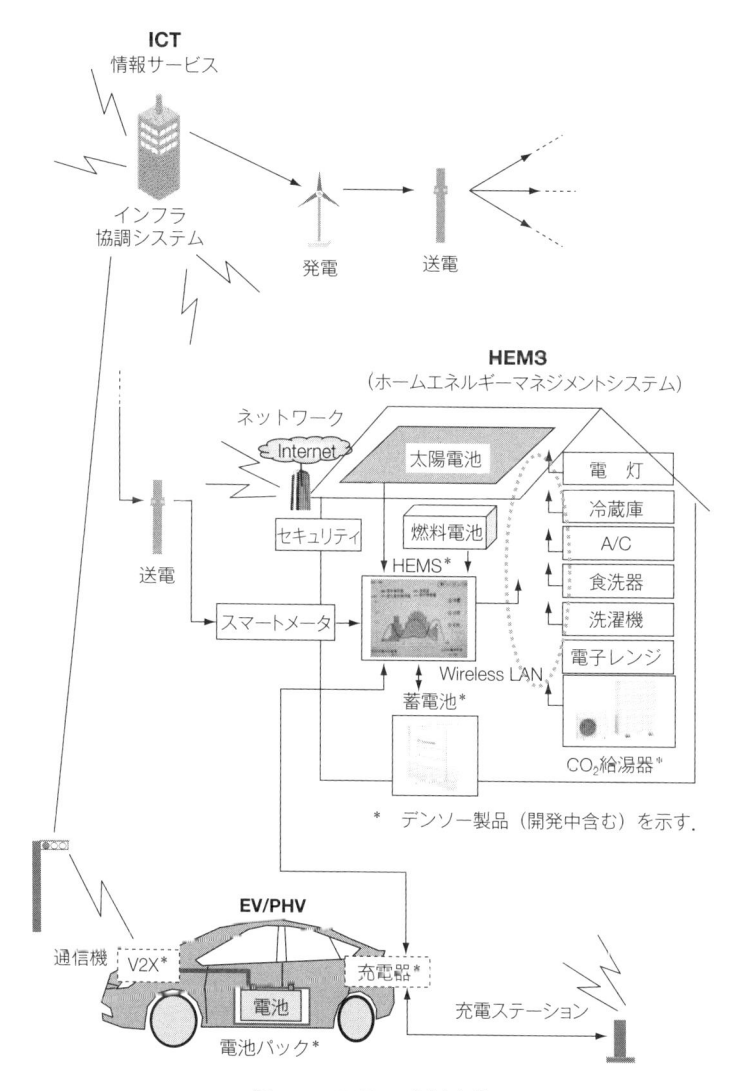

図 5.7 HEMS 実証実験

設備ラインのサイズは $1/n$ を達成しようとするものである．
- コンパクトな乗用車のうち，ベース車体の価格はおおよそ1台100万円，その重量は1トン弱である．言い換えれば1kg当たり1000円のモノづくりでなくてはならない．一般的な食材をも下回る安さである．近年の薄型テレビの実売価格が1インチ当たり1000円であることと比べても興味深い値である．これらの基本的なモノづくりの能力を磨き上げればインド，ASEAN地域での需要のボリュームゾーンでの競争にも自信がついてくる．
- 近年，自動車の車体設計が大幅に見直され，大胆な標準化が進められている．標準化された部品は一品番当たり多量となり量産効果が期待される．その反面，受注合戦は激しくなり，それが得られれば大きな喜びだが，失えば悲惨である．だからこそ，多量で多車種への採用を得るためには，その安定品質と安定供給は発注の重要ファクタとなり，自動車部品メーカーは量産信頼性を一段と高めなければならない．

この視点で他分野の部品産業の生き様について見渡してみると，携帯電話などの通信端末の生産では，完成品組立は低労務費国で行われるが，ヒンジ部品，バイブレータ等の重要部品及び材料・副資材の大半は日本製で占められていると見聞きする．**日の丸部品は実に強い**．最終完成品の主導権とその利益を日本側が握れない悔しさはあるが，どっこい，世界が頼りにする部品や素材製造は日本が勝ちとっている．敬服に値する．そのほかに卓球，サッカー，砲丸投げなどの世界のスポーツイベントで使用される公式球や公式用具は

日本製が数多く採用されていると聞く．すべてが規格で決められながらも実に極められたモノづくりの勝利と言える．さらに日本品質であるからこそ世界中のあちらこちらで必需品として賞賛を受け愛用されている分野が多くあり，メディアの努力で報じられている．実に勇気付けられる話である．

　日本の極められたモノづくりは，その抜群のできばえや使いやすさ，また非常に高い耐久性や信頼性を備えているので**低価格一辺倒の攻勢を蹴り飛ばす魅力**があり，世界中で評価され購入され，輸出に拍車をかけている．

　我々自動車部品分野もかさ張るものは世界各地で現地生産することが理にかなうとしても，比較的小物の重要機能部品や精密加工部品はしっかりと競争力をつけて国内生産をして輸出することが是と言ってはばからない競争力を達成したいものである．

（2）　明日の当たり前づくり

　以上，国内におけるモノづくりに勝ち残ることを考えてきた．これまででも精一杯と言いたいところだろうが，現在の立ち位置にとどまることは競争という土俵から退場を余儀なくされる．当然のこととして，これからの事業領域や技術分野に必要な新技術，新手法などを獲得して進めることになろうが，果たしてそれだけで十分なのだろうか．どのライバルも皆，様々な活動を展開している．技術開発，原価低減，生産性向上等，項目として行っていない活動はない．すべて取り組んでいる．

　スポーツの世界は大変参考となる．毎日毎日の練習が積み重ねら

堅固な基盤の上に"革新"

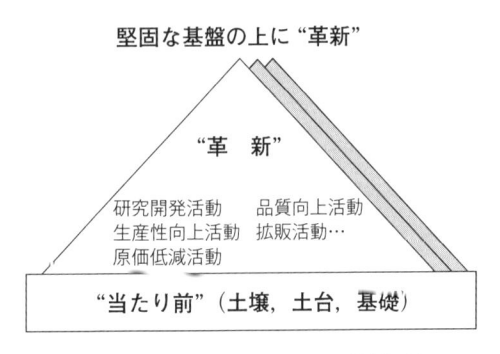

"革　新"

研究開発活動　　品質向上活動
生産性向上活動　拡販活動…
原価低減活動

"当たり前"（土壌，土台，基礎）

図 5.8　当たり前の基礎の上に革新がある

れている．一流選手の練習ぶりはメディアで稀にしか報じられないものだが，拝見するに"すごい！さすが！"の毎日である．一流選手とアマチュアの差はその練習のレベル差にある．

　企業内も全く同様で，諸活動の結果の差を生んでいくのは今日の当たり前のレベル差にあると私は考えている．

　我々は昔から当たり前のことを当たり前にできるようにと何度も先輩から言われ続けてきた．OJT そのものである．当たり前とは，各人が当たり前と考えていることであって一本の基準や規格のことではない．個々人で異なり，結果として幅のあるものだ．この当たり前を職場内の様々な懇談の場，小集団活動を通してある狭い幅に合意・認識されているものが"職場の当たり前"である．この活動なくしては，あれもよしこれもよしとなりぼやけてしまう．それを個性重視といって放任していては幅が広いまま収斂しない．

　職場の当たり前が認識されていないときは，悪い点からよい点への改善はすべて"ありがとう"であったものが，職場の当たり前が

ある幅に収斂すると，今日の職場の当たり前より下位にあるものは"語るに落ちる現実"に変わり，急ぎキャッチアップすべき改善に位置付けられる．

今日の当たり前が高いレベルにあり，自他ともにとことんしっかりと活動すれば多くの場合，他社と十分に戦え，新ビジネスの獲得につながっていくと信じたい．その結果，顧客，世の中から"そこまでやるものか，デンソーの当たり前は""すごい！　さすが！"と思われ，さらにそれは我々のやる気向上へと好循環されていく．この今日の当たり前はさらに自他ともに誇れるレベル，明日の当たり前にかさ上げされていかなければならないと考えている．

スポーツの世界では"練習は裏切らない"と言われ，毎日練習が繰り返される．そして本人の記録更新とともに，練習メニューが変えられ，さらにさらに上位のレベルに移っていく．素人の我々から見れば驚くばかりだ．しかし，それを取り巻く人々はコーチ，そして家族でさえもそれを当たり前のものとして静かに見守っている．

このような努力を我々企業も続け，今日の当たり前なる土台は明

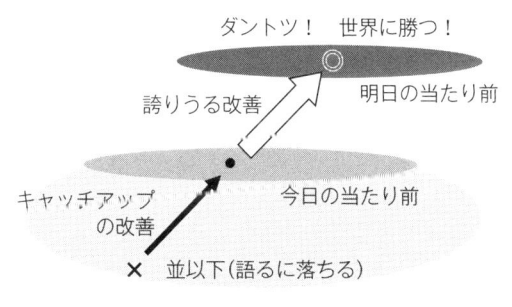

図 5.9　明日の当たり前づくり

日の当たり前へとかさ上げされていかなければならない．この強固にかさ上げされた土台，基盤の上での諸活動は必ずや新しい成長への糧を生み出していくと信じている．

　当たり前とはいつも意識されてはいないことだ．だから当たり前なのだが，会社の中の当たり前は実に幅広いものだと考えている．例えば，トヨタ生産方式でいう"アンドン"を知らない人はいないだろう．これがいかに点灯し，いかに早く消え，かつ，どれだけ活用されているか．これらのレベルが職場の当たり前の一つである．それが高ければ目の前の異常がタイムリーに対処されていくはずである．さて，現実はどうだろうか．また，現地・現物は皆が口にする言葉であるが，事が発生したときにどれだけ現場に急行できているか．"君の報告はわかりにくい！"などと偉そうに口角泡を飛ばしながら，週に1回，月に1回のペースでの報告を会議室で受けているようではとても現地・現物に基づく行動をしているとは言えない．事故やけがも含めて不都合なできごとがいかに早く社内伝達されるか，これは社内の風通しの度合いである．十分な原因究明や対策立案がなされてから報告を受けているようではいかがなものであろうか．社内会議は伝達ばかりでなく様々な意見がどのくらい活発であるかが重要である．皆が上司の鼻息を窺っているというのでは要注意である．

　このように様々な会社の中の当たり前がある．今一度見渡し，日ごろ意識していない当たり前のレベルを自己評価してみたいものだ．

おわりに

2008年9月にリーマンショックが起きたとき，先行き不安な中で，これまで自分が社長，会長として考え行動してきた経営について深く考え直してみた．

その結果を簡潔にまとめたものが次のチャートである．

いかに乗り越え，次の発展につなげるか

守るべきもの	より磨くもの	変えるもの
創業の基本姿勢 社是 DNスピリット "信頼と期待の存在" "品質経営に邁進" "人を基本とする経営"	DN流の仕事／考え方 先進： 一歩リード／一味違う（新・超・高・初！） 信頼： すごい！ さすが！ とことんやりきる 総智・総力： 燃える頭脳集団／職能向上／グローバル化	左記以外

反省・教訓

社是・基本理念は守るべきものである．デンソースピリット，デンソー流の仕事のやり方はより磨いていくものである．それ以外はすべて果敢に時代を先取りして変えていくものだと自分の中で帰結した．

社是・基本理念及びこれまでの諸先輩の多くの教えをレビューし，

① 信頼と期待の存在を絶えず目指す．
② 品質経営に邁進する．
③ 人を基本とする経営に徹する．

この3項目にこだわっていくことだと自分なりに再確認した．こだわりとは信念に基づく執着である．苦しいときに本性や"クソ力"が表れる．地獄を見た会社は実に強いと思う．"死んでたまるか""ジリ貧でなるものか"だ．こだわりは不合理の壁を打ち破り，無理を道理にする不可解な活力を生み出す期待がある．

1990年代の終わり，ダイムラー社とクライスラー社の合併のころから"400万台クラブ"と言われ，大きくなければ自動車メーカーは生き延びることができないと言われた．ビッグスリーを中心に資金力にものを言わせてのM&Aが繰り広げられた．生産台数は合算され，プラットホームの共通化や部品の標準化によって開発業務の効率は大幅に向上し，調達パワーは強力なものになると期待された．これは大変に経済合理的な思想であり，他業種でもM&Aが進んだ．

しかし，その結末はすでに読者諸兄もよくご存じのとおりである．巨大化した者にとってその時点における経済合理的な解を手に入れたと思うことが，自らを甘くさせていたのではなかろうか．他方，欧州や日本などの中規模の自動車メーカーは生き残りが危ぶまれるどころか，その実力や競争力は今やより強力なものとなっている．必死に自動車作りにこだわり"死んでたまるか！"とふんばっ

た独立系の自動車メーカーは今なお健在である．

また，ある日本の自動車メーカーではある規模の日本生産にこだわっている．当時のあの円高のさ中では不合理の極みであり，自社の業績を圧迫するこだわりであった．

時にトップのこだわりが大きなリスクも生むことを頭に置き，グローバル競争時代において，自社流・日本的考え方にどこまでこだわるのか，その議論に耳を傾けなくてはならない．しかし，我々は日本生まれのグローバル企業として"世界と未来を見つめ人々の幸福に貢献すべく"社是・基本理念を守り"先進，信頼，総智・総力"なるデンソースピリットをより磨き，世界に浸透させることにこだわり，世界の知恵を集めて進化し続けていきたいと考えている．

このとき，品質を通じて"会社を育て人を育てる品質経営"は重要な柱でありこれからもしっかりと邁進していく．これが私の決意であり，読者諸兄に届けたいメッセージである．

深谷 紘一

索　引

注　**太字**の語句は本文中のコラムの見出しを示す．

A

ABS　80
Active Meeting 活動　138
ASQC　119

C

CIM 化　98
CMMI　154
CO_2 排出規制　148
C_p　41
C_{pk}　42
CS 向上会議　134
CVCC　79

D

DNA 研修　141
DNA 研修への思い　143

E

ECU　80
EFI　22
——システム　80
ESA　20
ESC　80

F

FH　127
——3 STEP 評価方法　128

FHDR　127

H

HALT　154
HEMS　164
——実証実験　165
HILS　155
HQDC　99
Human　100

I

IC 技術　24, 75
IC 研究棟　75
IC の内製化　21, 24
IC は未知の分野　76
ISO 26262　153

M

MB 賞　120
MILS　155
MPDR　127

O

Off-JT 教育　100

P

PM 賞　26
Problem Based Learning　110
PS 20　140

Q

QA ネットワーク　　97, 104, 142
QCD　　100
QC 強調月間　　33
QC サークル　　49, 50
　　——活動　　26, 47, 49, 138
QC 診断　　137
QC の導入　　33
QRE 活動　　102

S

SCRUM 作戦　　140
SC オルタネータ　　121
SQC　　25, 34
SR　　87
SR ラジエータ　　85
　　——及び生産ライン　　88

T

T 204　　81

U

UTOPIA　　98
　　——の概念　　99

Y

Yes, Sir!　　161

あ

アクティブ・セーフティ　　150
明日の当たり前づくり　　169
新しいコア技術　　57
当たり前　　168
　　——の基礎　　168
　　——のレベル差　　168
あらたま幼児園　　27
安全　　43

い

1 ドルを切るウインドウォッシャ
　モータ　　70
逸話　　14, 35, 46, 76
今トラ　　132
インジェクタ　　79
インフラ協調システム　　152

え

塩害地での錆問題　　72

お

追いつけ追い越せ　　32
大河内記念生産賞　　91
オートエアコン　　55
オーナーシップ　　28
オトメーション　　93
オルタネータ　　88

か

カーエアコン　　55
カーエレクトロニクスの時代　　77
カークーラ　　53

カーヒータ 52
カイゼン 67
改善アイデア 50
開発プロセスの管理 153
ガウス博士 106
革新 168
核人材づくり 109
過去トラ展示館 132, 133
カリスマなき経営 65
環境汚染 147
環境調査 72, 74
完成度向上活動 134
カンパニーミッション 115

き

機械・精密加工技術 56
機械の技術 57
技術教育支援システム 110
技術研究討論会 109
技術研究発表会 109
技術研修センター 109
技術者教育 108
技術道場 134
技術と技能の融合 125
きっちり 136
　　——活動 136
機能安全 153
　　——管理 153
技能系職場 138
技能者養成所 26, 63
教育ナビ 110
教訓 171
業務改善活動 27

く

グローバル化 157

け

経営スタイル 65, 66
経営のグローバル化 156
携帯電話 81
経年車問題 146
現主力製品の代替わり 83
現地化 161
現地・現物 67
現場診断 137
現流動品の設変・改良品 83

こ

コア技術 24, 50, 57, 120
工場単位の合理化 98
構造改革の日 45
交通事故 149
工程内不良ゼロ，納入不良ゼロへの
　挑戦 104
工程能力指数 23, 41, 42
工程能力調査 23, 39
　　——活動の成果 41
合理化ライン 62
5 M 1 E 62
小型車戦争 104
腰を据えてのモノづくり 164
コネクテッド・カー 151
'個'の価値を高めるQCサークル
　活動 141
コミュニケーション 67
コモンレール 57, 121, 122
　　——燃料噴射システム 123

固有技術講座　64, 108
コンカレント・エンジニアリング　23

さ

サービス部・品管部連絡会　128
最小単位のマネジメント組織　50
材料加工分科会　127
昨今の経営スタイル　65
Ⅲ型オルタネータ　88, 90
Ⅲ型の樹　91

し

次期型研　23
次期型製品開発　83, 84
次期型製品研究会　23, 84
　　——活動　85
　　——の構造　85
雌伏10年を越えて　82
市場処置問題　126
自動車専用のIC　75
自動車の使用環境　72
自動車販売の予測　147
自動車用発電機多サイズ共用高速生産システムの開発　91
事務・技術系職場　138
社会とつなぐ技術　151
社是　17
　　——の制定　16
社長診断　137
従業員は重要な資産(経営要素)である　65
住宅につなげる技術　151
重点管理する品質保証システム　38
10年経った海外拠点の実力　118
周辺監視支援の技術　150
受賞後の取組み　42
衝突安全　149
情報通信技術　80
初期流動管理　37
　　——システム　38
　　——のあり方　103
職場の当たり前　168, 170
新規製品開発　83
人材育成　63, 67, 108
人事を尽くしたとの思い　139
真のグローバル企業　156
信頼　67
　　——性重視　154

す

水平目線　28
スパークプラグ　19
すばらしい先輩・すばらしい上司　111

せ

制御技術　24
生産基盤　16
製品開発　82
製品化の課題　90
製品作り　85
精密工学会技術賞　97
精密工学会賞　97
世界一競争力ある製品作りプロジェクト　120
世界一製品作り　85, 120
世界一製品を世界一生産ラインで

84
世界一製品を世界一のラインで 92
世界一の土壌作り　91
世界の環境調査　72
世界のデンソー，みんなでやるTQC　103
　　──運動　46
全員参加　28, 43, 46, 115
　　──の活動　27
　　──のQCサークル活動　48
　　──のTQC活動　106
　　──の品質管理　34
　　──の風土　50
全社一丸　43
全社必達目標　39
先取　67
先進　67
　　──，信頼，総智・総力　68
先生の落ちこぼし　159
洗濯機　51
戦闘機　79
線の自動化　22, 60, 93

そ

総合自動車部品メーカー　18
相互信頼　115
創造　67
総智・総力　67, 106
そこでピタっと足が止まる　106

た

第1次運動　101
大黒柱の入替えだ　92
第3次運動　102

耐食性評価方法　72
第2次運動　102
確かな内容　136
多種ランダム生産　87

ち

チームワーク　67
蓄圧室　122
知と技の一大集積地　164
チャレンジ『0』活動　137
チャレンジできる風土　129
朝会　128
挑戦　67

つ

ツーフィンガー　81
つながる自動車　151, 152
常に時流に先んず　16
常に時流に先んずる経営の力　16
常に時流に先んずる精神　17

て

ディーゼルエンジン　122
低炭素社会　152
適切な時期とプロセス　137
できばえ評価　154
適品　157
できる　79
デミング賞　17, 34
　　──授賞式　36
　　──挑戦から得たもの　43
　　──への挑戦　17, 35
　　──への挑戦宣言　35
　　──メダルのレリーフ　44

デミング博士　25, 34
点火　19
　──時期制御　20
電気自動車　51
電機・モータの技術　50
電子制御技術　78
電装品　19, 50
デンソーが心すること　68
デンソーが作らなければダメです　77
デンソーが守るべきもの　68
デンソー工業学園　64
デンソー時報　43
デンソースピリット　67
　──のキーワード　68
デンソー独自の考え方　37
デンソーの基本理念　25
デンソーの経営スタイル　66
デンソーの原動力　13
デンソーの人づくり　25
デンソーの品質保証活動　101
デンソーのモノづくりの基盤　161
デンソーマンだとすぐわかる　46
デンソー流のグローバル浸透状況　159
デンソー流マネジメント　158
点の自動化　58

と

トランスファー　22
　──1号ライン　91
トランスファーライン　58, 61
　──化　60
　──開発　23

な

内製化　58
ハイタレント研修　109
9 Gates　136
なぜなぜQCサークル　27

に

日本機械学会賞　88
日本社会の厳しさ　163
日本人出向者こそ現地人化している　161
日本的経営　106
日本品質の信頼性　153
ニュージャージーのエピソード　117
人間としての本質的部分は皆同じ　158

ぬ

抜けがない　136

ね

熱交換器　19, 50
熱・熱交換の技術　51

は

パーソナル無線機　80
排出ガス浄化　21
パッシブ・セーフティ　149
ハブ＆スポーク体制　156
パワーシフト20　140
反省　171

ひ

ビッグスリーからの視察依頼　105
必然性ある高き目標　95
人づくり　25
人を基本とする経営　64
人を大切にする経営　15
100％良品思想　101
100％良品を作ろう運動　46, 101
評価技術の開発　154
品質　5, 101
　　──技術教育　129
　　──第一　67
　　──で勝負する　34
　　──と安全のデンソー　43
　　──ニュース　132
　　──のデンソー　43
　　──部　42
　　──保証部の設置　42
　　──問題からの学び　126

ふ

風化防止　131
複合サイクル試験方法　73
節目　135
　　──管理　136
プリクラッシュ　149
不良『0』ラインへの挑戦　107
フレキシブルオートメーションライン　93
噴射ポンプ　56
分離独立　14

へ

米国人の自主性　117

ほ

ボッシュ・ノルム　32
ホットコーナー　107

ま

マーケティング推進による新しい市場創造のプロジェクト　124
マイクロカー　125
マスキー法　78, 79
丸いもんしかようやらんのか　62
マルコム・ボルドリッジ国家品質賞　120

み

見える化　135
三河のモノづくり　159
三つのコア技術　57

む

ムダ　98

め

目玉製品作り　85
面で合理化　96
面の自動化　96

も

もったいない精神　163
モノづくり革新　163
モノづくりDNA研修　141

問題意識の共有化　28

や

役員・部長の合同研修の様子　105
やりきる風土づくり　134

ゆ

ユートピア　98

よ

横展開　132, 138
横ニラミ　116
予防安全　149
4 M　61

り

リスクの見える化　135
理想空燃比　22
理想の工場への接近　99

立体の自動化　98

る

ルームヒーター　52

れ

冷却　52
冷暖房　52
レリーフ　44

ろ

労使懇談会　27
労使相互信頼　13, 15, 25, 45, 66, 115
ローコストオートメーション　58

わ

私たちの品質管理　36
私の決意　173

JSQC選書 23
会社を育て人を育てる品質経営
先進,信頼,総智・総力

定価:本体 1,700 円(税別)

2014 年 3 月 20 日	第 1 版第 1 刷発行
2015 年 4 月 24 日	第 5 刷発行

監 修 者　一般社団法人 日本品質管理学会

著　者　深谷　紘一

発 行 者　揖斐　敏夫

発 行 所　一般財団法人 日本規格協会

〒 108-0073　東京都港区三田 3 丁目 13-12　三田 MT ビル
http://www.jsa.or.jp/
振替　00160-2-195146

印 刷 所　日本ハイコム株式会社
製　作　有限会社カイ編集舎

Ⓒ Koichi Fukaya, 2014　　　　　　　　　　　Printed in Japan
ISBN978-4-542-50479-0

● 当会発行図書,海外規格のお求めは,下記をご利用ください.
営業サービスチーム：(03)4231-8550
書店販売：(03)4231-8553　注文 FAX：(03)4231-8665
JSA Web Store：http://www.webstore.jsa.or.jp/

JSQC選書

JSQC(日本品質管理学会) 監修
定価:本体 1,500 円〜1,800 円(税別)

1	Q-Japan—よみがえれ，品質立国日本	飯塚 悦功 著
2	日常管理の基本と実践—日常やるべきことをきっちり実施する	久保田洋志 著
3	質を第一とする人材育成—人の質, どう保証する	岩崎日出男 編著
4	トラブル未然防止のための知識の構造化—SSM による設計・計画の質を高める知識マネジメント	田村 泰彦 著
5	我が国文化と品質—精緻さにこだわる不確実性回避文化の功罪	圓川 隆夫 著
6	アフェクティブ・クオリティ—感情経験を提供する商品・サービス	梅室 博行 著
7	日本の品質を論ずるための品質管理用語 85	日本品質管理学会 標準委員会 編
8	リスクマネジメント—目標達成を支援するマネジメント技術	野口 和彦 著
9	ブランドマネジメント—究極的なありたい姿が組織能力を更に高める	加藤雄一郎 著
10	シミュレーションと SQC—場当たり的シミュレーションからの脱却	吉野 睦 / 仁科 健 共著
11	人に起因するトラブル・事故の未然防止と RCA—未然防止の視点からマネジメントを見直す	中條 武志 著
12	医療安全へのヒューマンファクターズアプローチ—人間中心の医療システムの構築に向けて	河野龍太郎 著
13	QFD—企画段階から質保証を実現する具体的方法	大藤 正 著
14	FMEA 辞書—気づき能力の強化による設計不具合未然防止	本田 陽広 著
15	サービス品質の構造を探る—プロ野球の事例から学ぶ	鈴木 秀男 著
16	日本の品質を論ずるための品質管理用語 Part 2	日本品質管理学会 標準委員会 編
17	問題解決法—問題の発見と解決を通じた組織能力構築	猪原 正守 著
18	工程能力指数—実践方法とその理論	永田 靖 / 棟近 雅彦 共著
19	信頼性・安全性の確保と未然防止	鈴木 和幸 著
20	情報品質—データの有効活用が企業価値を高める	関口 恭毅 著
21	低炭素社会構築における産業界・企業の役割	桜井 正光 著
22	安全文化—その本質と実践	倉田 聡 著
23	会社を育て人を育てる品質経営—先進, 信頼, 総智・総力	深谷 紘一 著
24	自工程完結—品質は工程で造りこむ	佐々木眞一 著

日本規格協会　http://www.webstore.jsa.or.jp/